精准努力

如何用最短时间实现人生逆袭

邱霜 著

中国华侨出版社
·北京·

图书在版编目 (CIP) 数据

精准努力：如何用最短时间实现人生逆袭 / 邱霜著. -- 北京：中国华侨出版社，2023.2

ISBN 978-7-5113-8917-6

Ⅰ.①精… Ⅱ.①邱… Ⅲ.①成功心理–通俗读物 Ⅳ.① B848.4-49

中国版本图书馆 CIP 数据核字（2022）第 195247 号

精准努力：如何用最短时间实现人生逆袭

著　　者：邱　霜
责任编辑：唐崇杰
封面设计：韩　立
文字编辑：胡宝林
美术编辑：吴秀侠
经　　销：新华书店
开　　本：880mm×1230mm　　1/32 开　　印张：7.5　　字数：155 千字
印　　刷：河北松源印刷有限公司
版　　次：2023 年 2 月第 1 版
印　　次：2023 年 2 月第 1 次印刷
书　　号：ISBN 978-7-5113-8917-6
定　　价：38.00 元

中国华侨出版社　北京市朝阳区西坝河东里 77 号楼底商 5 号　邮编：100028
发 行 部：（010）58815874　　传　　真：（010）58815857
网　　址：www.oveaschin.com　　E-mail：oveaschin@sina.com

如果发现印装质量问题，影响阅读，请与印刷厂联系调换。

前言 PREFACE

你的人生里有没有出现过这样的时刻：想要奔跑，不知脚步该迈向何方；站在人生的十字路口，彷徨着不知该走哪一条路。人生并不是什么时候都需要坚强的毅力，毅力和坚持只有行走在正确的方向上才会有用。若努力的方向错了，毅力和坚持只会让人南辕北辙，输得更惨。大多数情况下，人需要的是分辨方向、精准努力的智慧。唯有此，努力才有意义。

是的，我们大家都相信，一个人越努力，就越幸运。但是在这个时代，仅仅努力还不行，还要学会精准努力，在万变的现实世界中找到真正适合自己的方法，从而找到努力的"支点"和"杠杆"。精准努力，合理借力，科学用力，才能拥有自己想要的未来。

成功不会从天而降，它需要我们每天不断地努力、积累。在人生的舞台剧里，做自己人生的主角，演绎自己的人生，不为他人的眼光而活，更不要因畏惧现实而逃避。

要精准地努力，才会有美好的未来。这个世界是非常残酷的，表面的平和掩饰不了人与人之间优胜劣汰的自然法则。机会永远是留给少数人的，所以，必须勇敢，敢于冒险，会把握机会。每个人都盼望着未来的自己能幸福、成功，能走上憧憬的道路，能坐上梦寐以求的位子。其实这一切都可以不只是梦想，因为未来的一切都取决于今天的自己，今天踏出的每一步都在为自己的未来奠基。

人与人之间的差距很小，但有时又很大。这种差距并不是体现在你努力的那 99%，而恰恰在于剩余的那 1%。努力、坚持、拼搏，敞开你的心扉，勇敢地面对挫折和失意。你相信梦想，梦想就会相信你。只要选择了正确的努力方向，不停下自己的脚步，人生，总会有不期而遇的机遇和生生不息的希望！

我们最大的敌人就是自己，我们往往不是输给喜怒无常的人生，而是输给随波逐流的自己。人的一生虽然漫长，但紧要的也就那么几步，所以找到努力的方向、精准努力就显得尤为重要。当所选择的是自己热爱的职业或人生道路时，从容地前行，扎实地前进，不要将自己逼得太紧，慢慢地，你会发现，你所要的机遇都在前方等你。

希望那些勤奋的年轻人，看完这本书，可以少走弯路，学会融入现实社会，精准努力，拥有自己想要的未来。

目录 CONTENTS

第一章
现在就定好位，精准投放有限的人生资源

你给自己的定位决定你的人生 ……………… 002

了解自己，给梦想一个支点 ……………… 004

起点低不要紧，有想法就有成就 ……………… 007

每天都知道下一步要做什么 ……………… 010

对成功要有强烈的企图心 ……………… 013

人生有方向，才能稳定立世 ……………… 016

成功，从专注于小目标开始 ……………… 019

踩着别人的脚印，永远找不到自己的方向 ……………… 022

拒绝盲目，拒绝不切实际 ……………… 024

有了目标就全力以赴 ……………… 026

第二章
找对你的"卖点"，形成自己无可取代的"撒手锏"

成功来自对自己强项的极致发挥 ……………… 030
扬长避短，找到自己的"音符" ……………… 031
像凸透镜一样聚焦全部能量 ……………… 034
在自己最熟悉的领域奋斗 ……………… 037
"个人品牌"让你更具竞争力 ……………… 040
发现自己的潜能，别留遗憾 ……………… 043
选择适合自己的生活方式 ……………… 046
找不到喜欢的就做顺手的 ……………… 048
成为本行业的专家 ……………… 051
建立排名前五的专业水平 ……………… 054
"百门通"不如"一门精" ……………… 056

第三章
正确选择比一味努力更重要，不走弯路才是捷径

正确的选择比一味努力更重要 ……………… 060
有才华的人一事无成，只因跟错了人 ……………… 062
选老板就像选对象，一定要慎重 ……………… 065
"事必躬亲"型老板不能跟 ……………… 068

选对朋友，离成功更近点 ……………071
　你想成为什么样的人，就跟随什么样的人 ………073
　　　主动结交比你优秀的人 ………075
　　　弃暗投明，良禽择木而栖 ………077
　　　找一个对手激发潜能 ………080

···第四章
掌握高效学习之道，
快速实现自我赋能和知识变现

　融入生活，培养综合能力 ……………084
　结合兴趣学习技能不会觉得累 …………087
　　　投入百分百的热情 ……………091
　　学习要选用适合自己的方法 …………093
　　有目标有计划地积累知识 ……………097
　　在工作中学习，一步步靠近成功 ………101
　　好的阅读与写作能力让你如虎添翼 ………103
　　　做到学以致用，学习才有意义 ………106
优秀的学习计划是提高个人能力的蓝图 ………109
　有效的学习方法为提升自我锦上添花 ………111
　　　向成功的人学习成功的方法 ………114
　　　注重学习能力的培养 …………116

· · · 第五章

深度工作不瞎忙，高效解决职场问题

带着思考去工作 120

弄清楚目标再去做 123

做最重要的事而非最紧要的事 126

第一次就把事情做对 129

抓住问题的根源，做对事 132

先化繁为简，再处理问题 134

分解工作难题，各个击破 138

努力做事，还要聪明地做事 140

能完成100%，就绝不只做99% 143

· · · 第六章

保持对信息的高度敏感性，在新经济赛场"弯道超车"

我们生活在信息风暴中 148

对信息要保持高度的敏感性 151

对众多信息进行有效筛选 153

加工信息，使之更适用 155

信息就是命脉，信息就是金钱 158

拥有发现商机的眼光 160

发现和辨析事物间的联系 163

信息越快越准，赚钱越快越多 165

善于抓住创意致富 168

比别人多走几步，就能得到想要的信息 170

培养高效处理信息的能力 174

提高财商，你也可以成为百万富翁 176

第七章

增值语言资本，
用卓越口才掌控人生关键时刻

好口才是成就卓越人生的有效资本 180

好口才助你平步青云 184

社交场合，善言者胜 186

求职面试，三分人才，七分口才 190

无硝烟的商业战场，口才是必备武器 194

在重要的场合说合适的话是最基本的能力 197

脱稿讲话提升自信，增强气场 200

第八章

和优秀的人共用能量，
借助外力为成功加速

在朋友的帮助下快速走向成功 204

善于借用他人的智慧 205
团队合作才会成功 208
同行要竞争，更要合作 210
与强者建立合作关系 213
提高你朋友圈的"含金量" 216
情感的投资才会有大回报 218
良好的人际关系很重要 220
只有优秀的人才能"拉你一把" 223
想要优秀，不妨与更优秀的人成为朋友 225

···第一章

现在就定好位，
精准投放有限的人生资源

你给自己的定位决定你的人生

富兰克林曾经说过:"宝贝放错了地方便是废物。人生的诀窍就是找准人生定位,定位准确能发挥你的特长。经营自己的长处能使你的人生增值,而经营自己的短处会使你的人生贬值。"如果你到现在还没有准确定位自己的话,那么你就应该抓紧时间,坐下来分析一下自己,根据自己的特点,寻找真正适合自己的位置。只有坐在适合自己的位置上,你才能得心应手,在人生的舞台上游刃有余。

1929年,乔·吉拉德出生在美国一个贫民家庭。他从懂事起就开始擦皮鞋、做报童,然后又做过洗碗工、送货员、电炉装配工和住宅建筑承包商,等等。35岁以前,他只能算是一个失败者,朋友都弃他而去,他还欠了一身的外债,连妻子、孩子的生活都成了问题,同时他还患有严重的语言缺陷——口吃,换了40多份工作仍然一事无成。为了养家糊口,他开始卖汽车,步入推销员的行列。

刚刚接触推销时,他反复对自己说:"你认为自己行,就一定行。"他相信自己一定能做得到,以极大的专注和热情投入推销工作中,只要一碰到人,他就把名片递过去,不管是在街上还是在商店里。他抓住一切机会推销产品，同时也推销自己。三年以后，他成为全世界最伟大的销售员。谁能想到，这样一个不被人看好，而且还背了一身债务、几乎走投无路的人，竟然能够在短短的三年内被吉尼斯世界纪录称为"世界上最伟大的推销员"。他至今还保持着销售昂贵产品的纪录——平均每天卖6辆汽车！他一直被欧美商界称为"能向任何人推销出任何商品"的传奇人物。

乔·吉拉德做过很多种工作，屡遭失败。最后，他把自己定位在做一名销售员上，他认为自己更适合、更胜任做这项工作。事实上也的确如此，有了这个正确的定位，他最终摆脱了失败的命运，步入了成功者的行列。

可以说，你给自己定位什么，你就是什么，定位能改变人生。你可以长时间卖力工作，创意十足，聪明睿智，才华横溢，屡有洞见，甚至好运连连。可是，如果你无法在创造过程中给自己准确定位，不知道自己的方向在哪里，一切都是徒劳无功。另外，定位的高低将决定你人生的格局。

一个乞丐站在一条繁华的大街上卖钥匙链，一名商人路过，向乞丐面前的杯子里投了几枚硬币，匆匆离去。过了一会儿，商人回来取钥匙链，对乞丐说："对不起，我忘了拿钥匙链，你我毕竟都是商人。"

一晃几年过去了，这位商人参加一次高级酒会，遇见了一位西装革履的老板向他敬酒致谢，说："我就是当初卖钥匙链的那个乞丐。"这位老板告诉商人，自己生活的改变，得益于商人的那句话。

在商人把乞丐看成商人的那一天，乞丐猛然意识到，自己不是一个乞丐，而是一个商人。于是，他的生活目标发生了很大转变，他开始倒卖一些在市场上受欢迎的小商品，在积累了一些资金后，他买下一家杂货店。由于他善于经营，现在已经是一家超级市场的老板，并且开始考虑开几家连锁店。

这个故事告诉我们：你定位于乞丐，你就是乞丐；你定位于商人，你就是商人。不同的定位成就不同的人生。可以这么说，如果定位不准确，你的人生就会像大海里的轮船失去方向，有时甚至会发生南辕北辙的事；而准确的人生定位，不但能帮助你找到合适的道路，更能缩短你与成功的距离；而一个高的定位，就像一股强烈的助推力，能帮助你节节攀升，开创更大的人生格局。

◆ 了解自己，给梦想一个支点

现代人强调生涯规划，正是因为人生需要一个构想或蓝图。生涯规划不是事业规划，不是你要挣多少钱，要买多大的房，而是你怎样一步一步接近自己想要的生活。在人生的每一个阶段，要达到一种什么样的目标，这才是人生规划的真正内容和目的所在。要实现这个规划，我们首先要做的就是发掘自己的潜能，全面了解自己，准确定位自己，这个定位将是我们实现梦想的一个支点。

生活中有很多人抱怨工作不尽如人意、不遂心愿、太累、没有成就感，这是一件很可惜的事情。因为他们没有在适当的位置上展现自己的才华，甚至还有些人根本就不知道自己适合做什么。找对了位置，我们才可以充分展现自己的才华，成就一番事业。找到自己的优势，给自己一个准确的定位，才能以此为基础实现自己的梦想，更好地经营自己的人生。

给自己一个定位，首先要考虑的是自己的兴趣。有一句被人们说了无数次的话："兴趣是最好的老师。"荣膺"世界十大知名美容女士""国际美容教母"称号的香港蒙妮坦集团董事长郑明明就是一个找到自己兴趣所在，准确定位自己，从而走向成功的典范。

在印尼的华人圈子里，郑明明的父亲很有名望。郑明明读小学时，有一天父亲特地将香港作家依达的小说《蒙妮坦日记》推荐给她。这是依达的成名作品，讲的是一个叫蒙妮坦的女孩子经过爱情、事业的挫折之后，最终实现自己梦想的故事。按照父亲的设想和愿望，女儿以后应该也是个"高等知识分子"。然而，从小就喜欢把自己打扮得漂漂亮亮的郑明明对美的事物更感兴趣。当她在街上看到印尼传统服装——纱笼布上那精美的手绘图案时，她就被艺术的无穷魔力深深吸引住了，被那些给生活带来美丽的手工艺人的精湛技艺感动了，从此她便萌发了从事美容美发事业的念头。

郑明明坚持要为自己负责，走自己想走的路。于是她瞒着父亲到了日本，在日本著名的山野爱子学校开始了美容美发的学习。那所学校里都是些富家女，大家每天的生活就是相互之间，比谁衣服好看、谁打扮得漂亮等。但郑明明不是这样，因为她留学不是为了和她们攀比斗艳，况且她也没有多余的钱攀比。由于得不到父亲的支持，刚到日本的她身上只有300美元，这些钱在交完学费、住宿费后就所剩无几。冬天的时候，她的同学都穿着各式各样的皮衣，而她只有一件破旧的黑大衣。平时下了课，郑明明还要到美发厅打工。一是为了挣钱，二是为了学习人家的经验。在打工期间，她仔细观察每个师傅的技术、顾客的喜好、店铺的管理等以盘算自己未来的事业蓝图。

从日本的学校毕业以后，郑明明来到了香港，租了间店面成立了蒙妮坦美容美发学院。万事开头难，创业初期，她一人身兼数职，既是老板，也是工人；既迎宾，也要洗头。她坚信"时间就像海绵中的水，要是挤总会有的"，郑明明每天晚睡早起，至少工作11个小时。忙碌之余，她还有个雷打不动的习惯，就是到了晚上把白天顾客留的姓名、特征、发型等资料建成档案经常翻阅，便于下次和顾客沟通。

经历了很多磨难，郑明明终于成功了。她成立了一个又一个分店，从中国香港到中国内地。从此，人们知道了蒙妮坦，也知道了郑明明。

如果郑明明按照父亲的意愿走上那条中规中矩的道路，凭借她的资质，说不定现在也很成功，但是绝对不会比现在的她更辉煌。正因为她选择了自己感兴趣的道路，才会激发出自己的潜力，并甘愿付出更多的努力。

找到自己的定位，首先要了解自己的性格、脾气。在给自己定位时，有一条原则不能变，即，无论你做什么，都要选择自己最擅长的。只有找准自己最擅长的，才能最大限度地发挥自己的潜能，调动自己身上一切可以调动的积极因素，并把自己的优势发挥得淋漓尽致，从而获得成功。

◎ 起点低不要紧，有想法就有成就

不可否认，因为出生背景、受教育程度等各方面原因，每个人的起点难免不同，但是起点高的人不一定能将高起点当作平台，走向更高的位置。起点低也不怕，有想法才有成就。首先要渴望成功，才会有成功的机会。

《庄子·逍遥游》开篇的是"小大之辩"。说北方有大海，海中有一条叫作鲲的大鱼，鲲非常大，没有人知道它有多长。鲲变化成一只鸟，叫作鹏。它的背像泰山，翅膀像天边的云，飞起来，乘风直上九万里的高空，超绝云气，背负青天，飞往南海。蝉和斑鸠讥笑说："我们愿意飞的时候就飞，碰到松树、檀树就停在上边；有时力气不够，飞不到树上，就落在地上，何必要高飞九万里，又何必飞到那遥远的南海呢？"

那些心中有着远大理想的人往往不能为常人所理解，就像目光短浅的蝉和斑鸠无法理解大鹏鸟的鸿鹄之志，更无法想象大鹏鸟靠什么飞往遥远的南海。因而，像大鹏鸟这样的人必定要比常人忍受更多的艰难曲折，忍受更多心灵上的寂寞与孤独。他们要更加坚强，并把这种坚强潜移到自己的远大志向中去，这就铸成了坚强的信念。由这些信念熔铸而成的理想将带给大鹏一颗伟大的心灵，而成功者正脱胎于这种伟大的心灵。尤其是起点低的人，更需要一颗渴望成功的进取心。

"打工皇后"吴士宏是第一个成为跨国信息产业公司中国区总经理的中国内地人，也是唯一一个取得如此业绩的女性，她的传奇也在于她的起点之低——只有初中文凭和成人高考英语大专文凭。而她成功的秘诀就是"没有一点雄心壮志的人，是肯定成不了大事的"。

吴士宏年轻时命途多舛，还患过白血病。战胜病魔后她开始珍惜宝贵的时间。她仅仅凭着一台收音机，花了一年半时间学完了许国璋英语三年的课程，并且在自学的高考英语专科毕业前夕，她以对事业的无比热情和非凡的勇气通过外企服务公司成功应聘到IBM公司，而在此前外企服务公司向IBM推荐的很多人都没有被聘用。她的信念就是："绝不允许别人把我拦在任何门外！"

最开始在IBM公司工作的日子里，吴士宏扮演的是一个卑微的角色，沏茶倒水，打扫卫生，完全是脑袋以下肢体的劳作。在那样一个纯高科技的工作环境中，由于学历低，她经常被无理非难。吴士宏暗暗发誓："这种日子不会久的，绝不允许别人把我拦在任何门外。"后来，吴士宏又对自己说："有朝一日，我要有能力去管理公司里的任何人。"为此，她每天比别人多花6个小时用于工作和学习。经过艰辛的努力，吴士宏成为同一批聘用者中第一个做业务代表的人。继而，她又成为第一批中国内地经理，第一个IBM公司华南区的总经理。

在人才济济的IBM公司，吴士宏算得上是起点最低的员工了，但她十分"敢"想，她想要"管理别人"。而一个人一旦拥有进取心，即使是最微弱的进取心，也会像一颗种子，只要经过培育和扶植，它就会茁壮成长，开花结果。

我们应该承认，教育是促使人获得成功的捷径。但吴士宏只有初中文凭和成人高考英语大专文凭，却依然取得了成功。我们这里所指的教育是传统意义上的学校教育，你不妨就把它通俗而简单地理解为文凭。一纸文凭好比一块最有力的敲门砖，可能会有很多人质疑这一点，但是如果你知道人事部经理怎样处理成山的简历，你就会后悔当初没有上名牌大学了。他们首先会从学校中筛选，如果名牌大学应征者的其他条件都符合，他就不会再翻看其他的简历了。

  但是，名牌大学就只有那么几所，独木桥实在难以通过。很多人在这一点上落后了不少，于是在真正踏上社会，走入职场时，就会有起点差异。不过值得庆幸的是，很多成功者都是从低起点开始做起的，他们之所以能在落后于人的情况下后来居上，有进取心是不可忽略的一条。

  上帝在所有生灵的耳边低语："努力向前。"如果你发现自己在拒绝这种来自内心的召唤、这种催你奋进的声音，那可要引起注意了。当这个来自内心、催你奋进的声音回响在你耳边时，你要注意聆听它，它是你最好的朋友，将指引你走向光明和快乐，将指引你到达成功的彼岸。

◆ 每天都知道下一步要做什么

  古人说："千里之行，始于足下。"在设定终生目标后，应该将目标分成几个可以实现的小目标，然后为每一个小目标设定一个切实可行的期限，这样，从一开始我们就能看到成功，有利于自信心的不断提高。这有点类似于远征，通过一步一步地走，一段一段地走，最终到达目的地。每走完一段路，离目标更近，自信心也就更强。

  我们每一天都应问自己：

现在在人生之中算是一个什么样的时期，是不是符合发展目标？每天都在做什么，得到的是不是现在最想要的或是最应该得到的？明天应该做什么，下一步应该做什么，要为完成目标准备些什么？手里的东西是否可以放下，是否真的愿意……

几十年前，一个在贫民窟里长大的、身体瘦弱的穷小子，却立志长大后要做美国总统并将它记在了日记中。但如何实现这个宏伟的抱负呢？年纪轻轻的他，经过几天几夜的思索，拟定了一系列的连锁目标：

做美国总统首先要做美国州长，要竞选州长必须得到有雄厚财力的财团的支持，要获得财团的支持就一定得融入财团，要融入财团就最好娶一位豪门千金，要娶一位豪门千金必须成为名人，成为名人的快速方法就是做电影明星，做电影明星的前提需要练好身体、练出阳刚之气。

按照这样的思路，他开始一步步地走下去。一天，当他看到著名的体操运动主席库尔后，他相信练健美是强身健体的好点子，因而萌生了练健美的兴趣。他开始刻苦而持之以恒地练习健美，他渴望成为世界上最结实的壮汉。3年后，借着发达的肌肉，一身雕塑似的体魄，他成为健美先生。

在以后的几年中，他囊括了欧洲、世界、奥林匹克的健美先生。在22岁时，他踏入了美国好莱坞。在好莱坞，他花费了10年时间，利用在体育方面的成就，一心去表现坚强不屈、百折不挠的硬汉形象。终于，他在演艺界声名鹊起。当他的电影事业如日中天时，女友的家庭在他们相恋9年后，也终于接纳了这位"黑脸庄稼人"。他的女友就是赫赫有名的肯尼迪总统的侄女。

婚姻生活恩爱地过去了十几个春秋。他与太太生育了4个孩子，建立了一个"五好"的典型家庭。2003年，年逾57岁的他，告老退出了影坛，转为从政，成功地竞选成为美国加州州长。

他就是阿诺德·施瓦辛格。

如同施瓦辛格一样，渴望杰出的青少年每天都应知道下一步要做什么。

你需要有一个详细的个人发展计划。这个计划可以是一个5年的计划，也可以是一个10年、20年的计划。不管是属于何种时间范围的计划，它至少应该能够回答如下问题：

（1）我要在未来5年、10年或20年内实现什么样的职业或个人的具体目标？

（2）我要在未来5年、10年或20年内挣到多少钱或达到何种程度的挣钱能力？

（3）我要在未来5年、10年或20年内有什么样的一种生活方式？

著名的潜能开发专家安东尼·罗宾曾提出如下建议，相信对我们会大有裨益。

好好计划每一天的生活。你希望和谁在一起呢？你要做什么？你要如何开始这一天？你要朝哪一个方向努力？你要得到什么样的结果？希望你从早上起床开始，一直到晚上上床睡觉，全天都有妥当的计划。

你所有的结果与行为都来自内心的构思，请按照你所期望的方式，好好计划你的每一天吧！

对成功要有强烈的企图心

你需要一个强有力的渴望，才能让你走上另一个台阶。

我们要有对成功的强烈渴望，要有"我一定要成功"的信念，而不是"我想成功"。企图心是一种一定要得到的心态，是一定要下的决心。只要我们下定决心，并且为这个决心负责，为这个决心全力以赴，成功离我们就很近了。

美国的圣伊德罗牧马场，一大群孩子正在游戏，牧马场的主人希尔·卡洛斯来到他们中间。他对孩子们说："知道我为什么邀请你们来我的牧场吗？我要向你们讲述一个故事，故事的主人公同样也是一个孩子。"

孩子的父亲，是一位巡回驯马师。驯马师终年奔波，从一个马厩到另一个马厩，从一条赛道到另一条赛道，从一个农庄到另一个农庄，从一个牧场到另一个牧场，训练马匹。其结果是，儿子的中学学业不断地被扰乱。当他读到高中，老师要他写一篇作文，说说长大后想当一个什么样的人，做什么样的事。那天晚上,他写了一篇长达7页的作文,描绘了他的目标:有一天,他要拥有自己的牧场。在文中他极尽详细地描述自己的梦想,他甚至画出了一张200英亩大的牧场平面图,在上面标注了所有的房屋,还有马厩和跑道。然后他为他的4000平方英尺的房子画出细致的楼面布置图,那房子就立在那个200英亩的梦想牧场。

他将全部的心血,倾注到他的计划中。第二天,他将作文交给了老师。两天后,老师将批改后的作文发给了他。在第一页上,老师用红笔批了一个大大的"F"(最低分),附了一句评语:"放学后留下来。"

心中有梦的男孩放学后去问老师:"为什么我只得了'F'?"老师说:"对你这样的孩子,这是一个不切实际的梦想。你没有钱。你来自一个四处漂泊、居无定所的家庭。你没有经济来源,而拥有一个牧场是需要很多钱的,你得买地,你得花钱买最初用来繁殖的马匹,然后,你还要因育种而花大量的钱,你没有办法做到这一切。"最后老师加了一句,"如果你把作文重写一遍,将目标定得更现实一些,我会考虑重新给你评分。"

男孩回家,痛苦地思考了很久。他问父亲他应该怎么办,父亲说:"孩子,这件事你得自己决定。不过我认为这对你来说是个非常重要的决定。"

最后,在面对作文本苦坐了整整一周之后,男孩子将原来那篇作文交了上去,没改一个字。他向老师宣告:"你可以保留那个'F',而我将继续我的梦想。"

从此以后，男孩开始努力，他想他一定会成功，为了这个梦想，他奋斗了很多年。

讲到这里，卡洛斯微笑着对孩子们说："我想你们已经猜到了，那个男孩就是我！现在你们正坐在我的200英亩的牧场中心，4000平方英尺的大房子里。我至今保存着那篇学生时代的作文，我将它用画框装起来，挂在壁炉上面。"他补充道："这个故事最精彩的部分是，两年前的夏天，当年给我的作文打"F"的那个老师带着30个孩子来到我的牧场，搞了为期一周的露营活动。当老师离开的时候，她说：'卡洛斯，现在我可以对你讲了，当我还是你的老师的时候，我差不多可以说是一个偷梦的人！那些年里，我偷了许许多多孩子的梦想。幸福的是，你有足够的勇气和进取心，不肯放弃，直到让你的梦想得以实现。'"

"所以，"卡洛斯说，"不要让任何人偷走你的梦，拿出坚强的意志去拼搏，你一定能追到你的梦。"

梦想和现实之间，总有那么一段距离。如果总希望一觉醒来就能梦想成真，这无异于白日做梦。把梦想变成现实，就要从现在开始确定一个目标，有成功的强烈愿望，并靠坚定的信念去拼搏，这样才可能成为生活的幸运儿。

你或许会不解，到底迈克尔·乔丹不懈努力的动力来源于何处？那是发生于他念高中一年级时一次在篮球场上的挫败，激起他决心不断地向更高的目标挑战。就在这个目标的推动下，飞人乔丹一步步成为全州、全美国大学，乃至NBA职业篮球历史上最伟大的球员之一,他的事迹一一改写了篮球比赛的纪录。

当你问 NBA 职业篮球高手"飞人"迈克尔·乔丹,是什么因素造成他不同于其他职业篮球运动员的表现,而能多次赢得个人或球队的胜利?是天分吗?是球技吗?抑或是策略?他会告诉你:"NBA 里有不少有天分的球员,我也可以算是其中之一,可是造成我跟其他球员截然不同的原因是,你绝不可能在 NBA 里再找到像我这么拼命的人。我只要第一,不要第二。"

三百六十行,行行出状元。不管你以后要从事哪一行的工作,都要努力成为行业里出类拔萃的人。如果一个人对成功有强烈的企图心,想不成功都很难!

记住:目标 + 行动 + 企图心 = 成功。

◈ 人生有方向,才能稳定立世

比塞尔是西撒哈拉沙漠中的一颗明珠,每年有数以万计的旅游者来到这儿。可是在肯·莱文发现它之前,这里还是一个封闭落后的地方。这儿的人没有一个走出过大漠,据说不是他们不愿离开这块贫瘠的土地,而是尝试过很多次都没有走出去。

肯·莱文当然不相信这种说法。他用手语向这儿的人问原因,结果每个人的回答都一样:从这儿无论向哪个方向走,最后还是会回到出发的地方。为了证实这种说法，他做了一次试验，从比塞尔村向北走，结果3天半就走了出来。

比塞尔人为什么走不出来呢？肯·莱文非常纳闷，最后他只得雇一个比塞尔人，让他带路，看看到底是怎么回事？他们带了半个月的水，牵了两峰骆驼，肯·莱文收起指南针等现代设备，只拄一根木棍跟在后面。

10天过去了，他们走了大约1287千米的路程，第11天早晨，果然又回到了比塞尔。

这一次肯·莱文终于明白了，比塞尔人之所以走不出大漠，是因为他们根本就不认识北斗星。在一望无际的沙漠里，一个人如果凭着感觉往前走，他会走出许多大小不一的圆圈，最后的足迹十有八九是一把卷尺的形状。比塞尔村处在浩瀚的沙漠中间，方圆上千千米没有一点参照物，若不认识北斗星又没有指南针，想走出沙漠，确实是不可能。

肯·莱文在离开比塞尔时，带了一位叫阿古特尔的青年，就是上次为他带路的人。他告诉这位汉子，只要你白天休息，夜晚朝着北面那颗星走，就能走出沙漠。阿古特尔照着去做了，3天之后果然来到了沙漠的边缘。阿古特尔因此成为比塞尔的开拓者，他的铜像被竖在小城的中央。铜像的底座上刻着一行字：新生活是从选定方向开始的。

正如上述例子的最后一句话，人生也同样如此。人生自然有自我存在的价值，选择一个目标，也等于明确了人生的方向，这样才不致迷失。

一个人没有自己的人生观，没有人生的方向，没有确定自己活着究竟要做一个什么样的人、做什么事，只是跟着环境在转，这就犯了庄子所说的"所存于己者未定"的错误。一个人对于自己人生的方向都没有确定，那是人生最悲哀的事。

一个辉煌的人生在很大程度上取决于人生的方向，个人的幸福生活离不开方向的指引。确立人生的方向是人一生中最值得认真去做的事情。你不仅需要自我反省、向人请教"我是什么样的人"，还需要很清楚地知道"我究竟需要什么"，包括想成就什么样的事业、结交什么样的朋友、培养和保留什么样的兴趣爱好、过一种什么样的生活。这些选择是相对独立的，但却是在一个系统内的，彼此是呼应的，从而共同形成人生的方向。

摩西奶奶是美国弗吉尼亚州的一位农妇，76岁时因关节炎放弃农活，这时她又给了自己一个新的人生方向，开始了她梦寐以求的绘画。80岁时，到纽约举办画展，引起了轰动。她活了101岁，一生留下绘画作品600余幅，在生命的最后一年还画了40多幅画。

不仅如此，摩西奶奶还影响了日本大作家渡边淳一。渡边淳一从小就喜欢文学，可是大学毕业后，他一直在一家医院工作，这让他感到很别扭。马上就30岁了，他不知该不该放弃这份令人讨厌却收入稳定的工作，以便从事自己喜欢的写作。于是他给耳闻已久的摩西奶奶写了一封信，希望得到她的指点。

摩西奶奶很感兴趣,当即给他寄了一张明信片,她在上面写下这么一句话:"做你喜欢做的事,上帝会高兴地帮你打开成功之门,哪怕你现在已经80岁了。"

人生是一段旅程,方向很重要。只有掌握了自己人生的方向,每个人才可以最大化地实现自己的价值,正如上述例子里的摩西奶奶和渡边淳一。

找到人生方向的人是快乐的,他们的生活与他们所向往的人生方向是一致的,这样的生活也让他们的生命更有意义。

◈ 成功,从专注于小目标开始

想轻松打好人生这副牌,只有远大目标做引导还不行,还必须一步一个脚印,制定每一个事业发展阶段的"短期目标"。

要实现自己的目标,需要把远期目标分解成当前可实现的目标。俗语说得好:"罗马不是一天建成的。"既然一天建不成辉煌的罗马,我们就应当专注于建造罗马的每一天。这样,把每一天连起来,终会与成功邂逅。

美国有个84岁的女士莫里斯·温莱,1960年曾轰动美国。这位高龄老太太,竟然徒步走遍整个美国。人们为她的成就感到自豪,也感到不可思议。

有位记者问她:"你是怎么实现徒步走遍美国这个宏大目标

的呢?"

老太太的回答是:"我的目标只是前面那个小镇。"

莫里斯太太的话很有道理。其实,人生亦是如此,我们每个人都希望发现自己的人生目标,并为实现这个目标而生活和工作。如果你能把你的人生目标清楚地表达出来,就能帮助你随时集中精力,发挥出你人生进取的最高效率。

因此,如果我们不能一下子实现自己的目标,就应当将长期目标分解成一个个当前可实现的小目标,分段实现大目标。

25岁的时候,哈恩因失业而挨饿。他白天在马路上乱逛,目标只有一个,躲避房东追债。一天他在42号街碰到著名歌唱家夏里宾先生。哈恩在失业前,曾经采访过他。但是,他没想到的是,夏里宾竟然一眼就认出了他。

"很忙吗?"他问哈恩。

哈恩含糊地回答了他,哈恩想,他看出了自己的遭遇。

"我住的旅馆在第103号街,跟我一同走过去好不好?"

"走过去?但是,夏里宾先生,60个路口,可不近呢。"

"胡说,"他笑着说,"只有5个街口。是的,我说的是第6号街的一家射击游艺场。"这里有些所答非所问,但哈恩还是顺从地跟他走了。

"现在,"到达射击场时,夏里宾先生说,"只有11个街口了。"

不大一会儿,他们到了卡纳奇剧院。

"现在，只有5个街口就到动物园了。"

又走了12个街口，他们在夏里宾先生住的旅馆前停了下来。奇怪得很，哈恩并不觉得怎么疲惫。夏里宾向他解释为什么要步行的理由："今天的走路，你可以常常记在心里。这是生活中的一个教训。你与你的目标无论有多遥远，都不要担心。把你的精力集中在5个街口的距离。别让那遥远的未来令你烦闷。"

这个例子告诉我们，不要迷失自己的目标，每次只把精力集中在面前的小目标上，这样，遥不可及的大目标便会越来越近。我们不必想以后的事，不必想一个月甚至一年之后的事，只要想着今天我要做些什么，明天我该做些什么，然后努力去完成，把手头的事办好了，成功的喜悦就会慢慢浸润我们的生命。

目标的力量是巨大的。远大的目标，才能激发你心中的力量，但是，如果目标距离我们太远，我们就会因为长时间没有实现目标而气馁，甚至会因此变得自卑。所以我们实现大目标的最好方法，就是在大目标下分出层次，分步实现大目标。

在现实中，许多年轻人做事之所以会半途而废，往往不是因为成功的难度较大，而是因为觉得距离成功太远。确切地说，他不是因为失败而放弃，而是因为倦怠而失败。所以二十几岁的年轻人一定要掌握这样的技巧：善于把大目标分解成小目标。如果能够尽力完成每一个阶段目标，那么最终的胜利也会唾手可得。

◆ 踩着别人的脚印，永远找不到自己的方向

聪明的人不喜欢单纯地模仿别人，他们总是会发现新的机遇和领域，并抢先占领这一片领域。这个世界上充满了形形色色的追随者和模仿者，他们总是喜欢依照他人的足迹行走，沿着他人的思路思考。他们认为，走别人走过的路可让自己省心省力，是走向成功、创造卓越人生的捷径。岂不知，"模仿乃是死，创造才是生"。

对任何人来说，模仿都是极愚拙的事，它是成功的劲敌。它会使你的心灵枯竭，没有动力；它会阻碍你取得成功，干扰你进一步的发展，拉长你与成功的距离。效仿他人的人，不论他所模仿的人多么伟大，也绝不会成功。没有一个人能依靠模仿他人去成就伟大的事业。所以，要想成功就要找准自己的方向，找到自己的目标，不能走别人走过的路。

有一位雄心勃勃的商人，听说外地招商引资，就"顺应潮流"到该地投资了上千万元。两年之后，他把所有的钱都亏掉了，最后空手而归。

朋友问他："你当初为什么要到那里去投资？"他说："那时候，很多同行都争先恐后地去了，大家都认为那里的投资条件优越，很有发展前途。如果我不去的话，担心会失去发展的机会。"

例子里的商人陷入了一个怪圈：别人都去做了，我必须赶

快跟上。有这样一种说法，同样的一条新路，第一个走的是天才，第二个走的是庸才，第三个走的是蠢材。从中可见跟随者的悲哀。

成功只青睐主动寻找它的人。聪明的人都不随大流，眼光独到，另辟蹊径，在别人还"没睡醒"之前早已把钱赚到手了。

100多年前，德国犹太人李威·斯达斯随着淘金人流来到美国加州。他看见这里的淘金者多如潮涌，就想靠做生意赚这些淘金者的钱。他开了间专营淘金用品的杂货店，经营镢头、搭帐篷用的帆布等。

一天，有位顾客对他说："我们淘金者每天不停地挖，裤子损坏特别快，如果有一种用结实耐磨的布料做成的裤子，一定会很受欢迎。"李威抓住顾客的需求，把他做帐篷的帆布加工成短裤出售，果然畅销，采购者蜂拥而来，李威靠此发了笔大财。

首战告捷，李威马不停蹄，继续研制。他细心观察矿工的生活和工作特点，千方百计地改进和提高产品质量，设法满足消费者的需求。考虑到帮助矿工防止蚊虫叮咬，他将短裤改为长裤；又为了使裤袋不致在矿工把样品放进去时裂开，他特意将裤子臀部的口袋由缝制改为用金属钉钉牢；又在裤子的不同部位多加了两个口袋。这些点子都是在仔细观察淘金者的劳动和需求的过程中，不断地捕捉到并加以实施的，这些改进使产品日益受到淘金者的欢迎，销路日广。

李威还利用各种媒介大力宣传牛仔裤的美观、舒适，是最佳装束,甚至把它说成是一种牛仔裤文化。这些铺天盖地的宣传,把对牛仔裤"庸俗""下流"的斥责打得大败而逃。于是,牛仔裤在社会上层也牢牢地站稳了脚跟,最终风靡全球。

走别人走过的路,将会迷失自己的方向,李威之所以能取得成功,就是因为他开拓了一条属于自己的路。

不论是工作上还是生活中,有不少年轻人都习惯于走别人走过的路,他们偏执地认为走大多数人走过的路不会错,但是,却往往忽略了最重要的事实,那就是,走别人没有走过的路往往更容易成功。

走别人没有走过的路,虽然意味着你必须面对别人不曾面对的艰难险阻,吃别人没吃过的苦,但也唯有如此,你才能发现别人未曾发现的东西,到达别人无法企及的高度。

成功者之所以会取得惊人的成绩,正是由于他们不满足于走别人走过的路,而是主动开发,想别人没想到的东西,也正是这一思路支撑着他们一路走来,让自己跨越障碍直至成功。

◆ 拒绝盲目,拒绝不切实际

到了迁徙的季节,所有的鸟儿都要往南飞。

有一只鸟开始犯愁,它想:"每次飞行我都落在后面,都被别人取笑。这次无论如何,我也不能落到最后一个。那样太没面子了!"

这只鸟想啊想,终于想出了一个好办法,它兴奋地对自己说:"我可以在它们还没有起飞的时候自己先起飞,这样就不会落在后面了!"

为了抢先到达目的地,这只鸟就先于同伴起飞了,但它飞了一段路程就迷失了方向,只好落在一棵树上等同伴。可等了很久也没有等到同伴,它急了,又循着原路往回飞,结果却发现,其他的鸟儿都已经飞走了。

无奈之下,这只鸟只好再一次独自飞往南方。

让这只鸟沮丧的是,飞到半路就迷路了。

这个冬天,这只鸟没有飞到南方。

一场大雪降临,这只鸟冻死了。

求多求快原本是一件好事,但如果只追求快而不顾好,不从实际情况出发而盲目地追求数字,很可能就会演变成一场灾难。同样,一味求快不适用于对人生目标的追逐,虽然我们能够理解大多数年轻人想早日达到目标的心情,但是盲目的快不能代表高效率,反而可能造成严重的负面影响。

如果目标超出了你的能力范围,与现实脱钩,就无法实现。不立足于现实的目标,除了会浪费时间,加大受挫折的风险以外,没有任何意义。

有些人不踏实做人,不老实做事,好高骛远,给自己定了很高的要求和标准,苛求自己,到最后不仅没有达到高目标、高标准、高要求，反而连最低标准都达不到。所以，盲目求快不能用在对人生目标的追逐中，好高骛远会害死人，只有脚踏实地，才能循序渐进，最终做出大的成就。

◎ 有了目标就全力以赴

成功者的一个显著特征就是：始终有一个明确的目标、清晰的方向，并且信心十足、勇往直前。不管别人怎么评价，只要自己的方向是对的，哪怕只有百分之零点一的可能性，成功者也会执着地去追求自己的目标。

这也就是为什么明明很多人的起点差不多，但是到了终点却有着很大不同的原因所在。并不是因为他们的能力相差多少，而是有的人目标明确，他们清楚地知道自己想要成为怎样的人，并且全力以赴为之奋斗，于是他们成功了。而有的人可能也有目标，但是很快就忘记了，或者在实现目标的过程中，他们被困难吓倒了，于是他们的人生一无所成。

30年前，弗兰克还是一个13岁的少年时，他就要求自己有所作为。那时候，他把自己的人生目标不可思议地定在纽约大都会街区铁路公司总裁的位置上。

为了这个目标，他从13岁开始，就与一伙人一起为城市运送冰块。虽然没有上过几天学，但是他依靠自己的努力，不断地利用闲暇时间学习，并想方设法向铁路行业靠拢。

18岁那年，经人介绍，他进入了铁路业，在长岛铁路公司的夜行货车上当一名装卸工。他觉得这对他而言，是一个十分难得的机会。尽管每天又苦又累，但他仍能保持一份快乐的学习心态，积极地对待自己的每一份工作。他也因此受到赏识，被安排到铁路上，开始干一份检查铁轨和路基的工作。尽管每天只能赚1美元，但是，他感觉自己已经向铁路公司总裁的职位迈进了。

随后，他又被调到铁路扳道工的岗位上。在这里，他依然勤奋工作，加班加点，并利用空闲时间帮主管们做一些登记工作。他觉得只有这样，才可以学到一些更有价值的东西。

后来，弗兰克回忆说："不知道有多少次，我不得不工作到午夜十一二点钟，才能统计出各种关于火车的赢利与支出、发动机的耗量与运转情况、货物与旅客的数量等数据，做了这些工作后，我得到的最大收获就是迅速掌握了铁路各个部门具体运作细节的第一手资料。而这一点，没有几个铁路经理能够真正做到。通过这种途径，我已经对这一行业所有部门的情况了如指掌。"

但是，他的扳道员工作只是与铁路大建设有关联的暂时性工作，工作一结束，他立刻被解雇了。

于是，他找到了公司的一位主管，告诉他，自己希望能继续留在长岛铁路公司做事，只要能留下，做什么样的工作都可以。对方被他的诚挚感动，调他到另一个部门去清洁那些满是灰尘的车厢。

很快，他通过自己的实干精神，成为通往海姆基迪德的早期邮政列车上的刹车手。无论做什么工作，他始终没有忘记自己的目标和使命，不断地补充自己的铁路知识。

当弗兰克成为公司总裁以后，他依然废寝忘食地工作着，在纽约人来人往、川流不息的街道上，他每天负责指导运送100万乘客，至今没有发生过任何重大的交通事故。

弗兰克在一次和朋友谈话时说："在我看来，对一个具有强烈上进心的年轻人来说，没有什么是不能改变的，也没有什么是不能实现的。一个具有强烈上进心的人，无论从事什么样的工作，接受什么样的任务，他都会积极地、充满热忱地对待它。这样的人无论在任何地方都会受到欢迎。他在依靠自身的努力向前迈进的时候，也会受到各方面的真诚相助。"

在实现目标的过程中，我们总会遇到很多困难，但是执着能让我们为了自己的理想而坚持下来。一个下定决心就不再动摇的人，无形之中能给人一种最可靠的保证，他做起事来一定勇于负责，一定有成功的希望。

因此，做任何事，事先都应确定一个最终的目标，一旦目标定下来之后，就千万不能再犹豫了，而是应该遵照已经定好的计划，按部就班地去做，不达目的绝不罢休，这样才能更加靠近成功。

第二章
找对你的"卖点",
形成自己无可取代的"撒手锏"

◎ 成功来自对自己强项的极致发挥

一个人没有独特的强项，想要在人生的舞台上立住脚，恐怕是天方夜谭。换句话说，你要想让自己成为一个别人无法替代的人物，就应当独有所长，即想尽办法，培养自己的强项。

你的强项就是你的与众不同之处。这种强项可以是一种手艺、一种技能、一门学问、一种特殊的能力，或者只是直觉。你可以是厨师、木匠、裁缝、鞋匠、修理工，等等，也可以是机械工程师、软件工程师、服装设计师、律师、广告设计人员、建筑师、作家、商务谈判高手、"企业家"或"领导者"，等等，但如果你想成功的话，你不能什么都是。成功者的普遍特征之一就是，由于具有出色的强项，从而在一定范围内成为不可缺少的人物。

有了强项，把它发挥到极致，就是成功。

这方面的例子实在是太多了：达尔文学数学、医学呆头呆脑，一摸到动植物却灵光焕发，他将这方面强项发挥到了极致，终成生物界的泰斗。阿西莫夫是一个科普作家同时也是一个自然科学家。一天上午，他坐在打字机前打字的时候，突然意识到："我不能成为一个一流的科学家，却能够成为一个一流的科普作家。"于是，他把几乎全部精力都放在科普创作上，终于成了当代世界著名的科普作家。伦琴原来学的是工程科学，他在老师孔特的影响下，做了一些物理实验，逐渐体会到，这就是最适合自己干的行业，经过努力果然成了一个有成就的物理学家。

汤姆逊由于"那双笨拙的手"，在处理实验工具方面感到很烦恼，因此他的早年研究工作偏重于理论物理，较少涉及实验物理，并且他找了一位在做实验及处理实验故障方面有惊人能力的年轻助手，这样他就避免了自己的缺陷，努力发挥自己的特长，奠定了自己在物理界的研究地位。珍妮·古多尔清楚地知道，她并没有过人的才智，但在研究野生动物方面，她有超人的毅力、浓厚的兴趣，而这正是干这一行所需要的。所以她没有去攻数学、物理学，而是跑到非洲森林里考察黑猩猩，终于成了一个有成就的科学家。

每一个人都有自己的梦想，每一个人都能够成功，只要你有拿得出手的专长，并且将这个专长发挥到极致。

◆ 扬长避短，找到自己的"音符"

许多时候，我们艳羡他人的成功，常认为自己"比别人笨""我哪是成才的料""像他一样出名太难了"。其实，尺有所短,寸有所长,人的兴趣、才能、素质也是不同的。如果你不了解这一点,没能把自己的所长利用起来,你所从事的行业需要的素质和才能正是你所缺乏的,那么,你将会自我埋没。反之,如果你有自知之明,善于设计自己,从事你最擅长的工作,你就会获得成功。

一位专家指出,通向成功的道路有许多条,在不同领域不同行业,人们取得成功所需要的才能和智慧是不一样的。几乎每个青少年都有自己擅长的一种或几种才能。

有的年轻人有逻辑、数学天分,他们喜欢并擅长计数、运算,思维很有条理,经常向家长或老师提问题,追问为什么,并愿意通过阅读或动手实验寻找答案。如果他们的好奇心能得到满足,那么他们很可能在理科学习和研究上取得好成绩。

有的年轻人很有语言天分,他们说话早,对语言、文字很有兴趣,喜欢听故事、讲故事,喜欢绕口令和猜谜语等语言游戏,喜欢读书和听别人读书,他们很可能成为成功的作家。

有的年轻人擅长人际交往,他们能够比较容易理解他人的感受,能够和各类人相处,在各种情况下都能恰当地表达自己,经常充当团体的领袖人物,他们比较容易在政治、教育、管理或社会活动等领域取得成功。

有的年轻人表现出空间天分,他们的视觉似乎特别发达,喜欢把事物视觉化,即把文字或语音信息转变为图画或三维形象,他们可能在绘画、摄影、建筑或服装设计、造型艺术等方面表现出兴趣和特长。

有的年轻人表现出音乐天分，他们的听觉特别发达，从小就表现出对音准和声音变化的高度敏感，并能迅速而准确地模仿声调、节奏和旋律。

有的年轻人表现出身体运动天分，他们能很好地协调肌肉运动，体态和举止优美而恰当，他们通常在体育运动、机械、戏剧和其他操作工作中有杰出表现，很容易成为优秀的演员、舞蹈家、运动员、机械师或外科医生。

成功学家通过研究发现，人类有400多种优势。这些优势本身的数量并不重要，最重要的是你应该知道自己的优势是什么、短项是什么，之后要做的就是敢于放弃短项，将你的生活、工作和事业发展都转向你的优势，这样你就会容易成功。

尽管其路径各异，但成功者都有一个共同点，就是"扬长避短"。传统上我们强调弥补缺点，纠正不足，并以此来定义"进步"。而事实上，当人们把精力和时间用于弥补短项时，就无暇顾及增强长项、发挥优势了；更何况任何人的欠缺都比才干多得多，而且大部分的欠缺是无法弥补的。

所以，每一个年轻人都应该努力根据自己的特长来设计自己、量力而行。根据自己的环境、条件、才能、素质、兴趣等，确定前进方向。做一个杰出者不仅要善于观察世界，善于观察事物，更要善于观察自己，了解自己。

像凸透镜一样聚焦全部能量

曾有一位苦恼的青年对昆虫学家法布尔说:"我爱科学,也爱文学,对音乐、美术也十分感兴趣。我把全部时间、精力都用上了,却收效甚微。"法布尔微笑着从口袋里掏出一块放大镜说:"把你的精力集中到一个焦点上试试,就像这块凸透镜一样!"

一个人的精力和时间本来就是有限的,在这种情况下,如果选不准目标,到处乱闯,几年的时间会一晃而过。如果想取得突破性的进展,就该像打靶一样,迅速瞄准目标;像激光一样,把精力聚于一束。一个人只要"咬定青山不放松",长期专注于某一事业,他通常就能成为这方面的专家、成功者。

法国的博物学家拉马克,是兄弟姐妹11人中最小的一个,最受父母宠爱。他的父亲希望他长大后当牧师,于是送他到神学院读书。可他却爱上了气象学,想当个气象学家,整天仰首望着多变的天空;没多久他又在银行里找到了工作,想当个金融家;后来他又爱上了音乐,整天拉小提琴,想成为一个音乐家;这时,他的一位哥哥劝他当医生,于是他又学医4年。

一天,拉马克在植物园散步时,遇到了法国著名的思想家、哲学家、文学家卢梭。受卢梭的影响,"朝三暮四"的拉马克,固定了自己的奋斗目标,他用26年的时间,系统地研究了植物学，写出了名著《法国植物志》。后来，他又用35年的时间研究了动物学，成为一位著名的博物学家。

世界上许多伟大事业的成就者都是一些资质平平的人，而不是那些表面看起来出类拔萃、多才多艺的人。为什么会出现这种情况呢？其实，在我们的生活中随处可见这种情况，一些年轻人取得了远远超出他们实际能力的成就。很多人对此疑惑不解：为什么那些看上去智力不及我们一半、在学校里排名末尾的学生却获得了巨大的成功，并在人生的旅途中把我们远远地抛在了后面呢？其实，那些看起来智力平庸的人，往往能够专注于某一领域、某一事业，并长期耕耘不辍，最终实现了自己的目标。而那些所谓的智力超群、才华横溢的人，总是喜欢毫无目的地四处游荡，等到蓦然回首时，仍旧一事无成。

文学大师歌德曾这样劝告他的学生："一个人不能骑两匹马，骑上这匹，就要丢掉那匹，聪明人会把凡是分散精力的要求置之度外，只专心致志地去学一门，并把它学好。"鲁迅也说："若专门搞一门，写小说写十年，作诗作十年，学画画学十年，总有成功的。"

纵览古今中外，凡杰出者，无一不是"聚焦"成功的。法布尔为了观察昆虫的习性，常达到废寝忘食的地步。有一天，他大清早就伏在一块石头旁。几个村妇早晨去摘葡萄时看见法布尔，到黄昏收工时，她们仍然看到他伏在那儿，她们实在不明白："他花一天功夫，怎么就只看着一块石头，简直中了邪！"

其实,为了观察昆虫的习性,法布尔不知花去了多少个日日夜夜。数学家陈景润数十年如一日地研究"哥德巴赫猜想"。清代著名画家郑板桥,作画 50 余年,始终"咬定青山不放松",专画兰竹,不画他物,终于成为擅画兰竹的高手。画猫专家曹今奇,从 8 岁起学画,专画猫,他画的猫曾在国内首屈一指,连许多国外商人也向他高价订购"猫画"。如果他们想行行拿状元,恐怕只能是白白浪费时间。

那么,青少年朋友怎么才能培养专注的习惯,克服"今天想干这个,明天想干那个"的毛病呢?以下几点建议可供借鉴:

(1) 找到真正的兴趣所在。兴趣,是推动学习的重要内在动机,往往可以决定一个人的一生道路。有了兴趣,我们就能废寝忘食,全神贯注。

(2) 不要因暂无法获得成果而动摇。许多人一心想有所成就,这种心情是可以理解的。但过于急切地盼望成功,则容易走向反面。

(3) 不要为别人的某些成功所诱惑。干事业,最忌见异思迁,而造成见异思迁的原因有很多,其中一个原因就是为别人的某些成功所吸引。正确的做法是认准自己的目标,执着地去追求。

(4) 不要怕艰辛,要舍得吃苦。有些人对爱因斯坦在物理学领域的杰出贡献羡慕不已,却很少琢磨他床下几麻袋的演算稿纸;有些人对 NBA(National Basketball Association,美国职业篮球联赛）球员的声誉津津乐道，却很少去想他们每人究竟洒下了多少汗水。因此，千万不要光羡慕别人的成果，要准备下些苦功夫才行。

（5）控制自己的情绪、心态。应学会尽量少受外界干扰，即便受了干扰，也要及时"收回脑子"，这也是锻炼专注力的一个重要方面。

在自己最熟悉的领域奋斗

每个都有自己的优势，利用自己的优势攻击对方的劣势，并且硬下手腕连续进攻，让对方没有还手之力，是为胜利之法。

一位作家曾经说过："一个人所成就的事业，必然是这个人的特长。"舍长取短只有天下最愚蠢的人才会做。

世间有数不尽的由于选择了适合于发挥自己长处的职业并由此青云直上成为众多风云人物的成功者。

在零售行业中，凯·马特是鼻祖。1979年，凯·马特拥有1891家零售店，每家店的平均收入高达725万美元，相比之下，沃尔玛公司则显得微不足道。当时的沃尔玛公司，只有229个零售商店，每家店的平均零售收入仅相当于凯·马特商店的一半，在这种情况下，它很难与凯·马特进行正面的竞争。

但是，沃尔玛的创始人山姆并没有退缩，尽管处于不利地位，但他并没有忘记积极利用自身的优势。

首先，沃尔玛对顾客的需要有求必应。

其次，沃尔玛最大限度地为顾客创造购买优良物品的机会，包括便利店的店址和方便的时间，降低成本结构，推出最优惠价格的产品等。沃尔玛所具备的快速存货补给能力，保证它能达到上述目标。

这种保证又被称作"送货不停"。沃尔玛公司严格要求做好这个环节的工作，要求将商品不断运送到沃尔玛的仓库，经过仔细的筛选和细致的包装，再分送到沃尔玛各家商店。沃尔玛的商品很少滞留在仓库中。沃尔玛完成一次配送过程，仅仅需要48小时。

通过上述的送货补给系统，沃尔玛获得了规模效益，增加了采购量，降低了存货成本及费用。

沃尔玛85%的商品都是依靠自己的仓储运输系统配送，对于只有50%商品能够依靠自身的配送系统配送的凯·马特公司来说，这就是沃尔玛的一大优势。

而且，由于有低价销售的吸引，沃尔玛公司就用不着花太多的时间去做太多的宣传广告。沃尔玛公司花在广告上的经费的确不多，但就是因为这样，他们才能以更低价的商品回报顾客，让他们成为沃尔玛的回头客。

沃尔玛的运输成本也是同行中最低的，每1美元的营业额只有16美分花在基本营运上，而其他公司要比他们多花将近40%的成本在这上面。

此外，沃尔玛公司还非常善于激起顾客的购买欲，在大力完善企业形象、加深顾客印象方面他们也做得非常好。

1976年，沃尔玛的强劲竞争对手凯·马特突然向沃尔玛展开进攻，在沃尔玛经营最好的4个市镇开分店，同时也向其他区域性折扣百货连锁店展开攻势。一时间，各公司都在讨论如何避免与凯·马特直接竞争，而山姆却站出来声明沃尔玛将以攻对攻，绝不退缩。当时凯·马特已有上千家分店，沃尔玛只有150家。第二年，在小石城，凯·马特发起价格战时，沃尔玛指示自己在当地的分店经理："任何商品都绝不能让他们的价格比我们的低。"

而凯·马特却不能降得更低，只好示弱，这场战争的获胜方是沃尔玛。

形成规模、扩大影响不是沃尔玛的长处，但是它善于压缩成本、提高服务的效率。因为它精于这两个项目，所以它打败了连锁巨头凯·马特。如果沃尔玛要在广告上砸钱，肯定会把自己砸空。沃尔玛的成功，也未尝不是一种可以为我们所用的智慧。每个人都有缺点，但同时每个人也都有优点。如果拿自己的缺点与别人的优点比，自然是以卵击石；经营好自己的长处，就等于把握了事情的主动权。

也许刚毕业的你，现在有的优势可能还只有很小的一点点，但是如果经过长时间的积累和经营，就会形成真正的势力。但是不管它再小也要坚守，因为只有在自己最擅长的领域，做自己最想做的事，成功的概率才会更大。

◈ "个人品牌"让你更具竞争力

每个商品都有自己的品牌，去商场买东西，我们宁可多花钱也要买品牌商品。就是因为品牌商品有品质保障。在职场，我们也要打造个人品牌，你的名字就是你的个人品牌。一旦拥有了个人品牌，我们就有了属于自己的影响力。

这个道理不仅适于我们自身的发展，同时也适用于商界与企业。

清代商人胡雪岩就很注重企业的形象。他曾说，"第一步先要做名气。名气一响，生意就会热闹，财源就会滚滚而至。"所以，胡雪岩不会放过任何一个可以让自己企业扬名的机会。

首先，胡雪岩很重视企业产品的质量。胡庆余堂的药物，每一样原料都要采用最上等的，每年在原料的收购上就要比别家多费很多心思，也投入了更多的银两。有时候，为了保证原料的质量，胡雪岩会派专人采购，这就增加了员工的开销，加大了药品的前期投入。

其次，胡雪岩极其重视伙计对顾客的态度，他曾跟伙计说：

"不挑剔的就不是买卖人。"所以，在他的店铺里，尽管有时候顾客十分刁钻，可是伙计们都会笑脸相迎，不敢有丝毫马虎。胡庆余堂的服务态度，也是同行业中的佼佼者。

最后，胡雪岩会利用一切机会让别人了解企业的存在，形成自己的影响力。他曾带头支持官府发行的银票，虽然承担了很大的风险，但是他想到的就是赚名气，在官府中形成影响力。

通过各种各样的手段，胡雪岩给自己的企业建立了良好的形象。

由此我们可以看出，商家做生意，名气至关重要。一个企业，如果有了名气，客户会不远千里来与之合作，促成利益。但是，如果企业不注重自己的形象，任由自身的发展，长此以往，就会失去顾客的信任，丧失很多赚钱的机会。

人也一样，如果不注意自己的名气，不能建立良好的形象，那么即使是去应聘，也会被用人单位拒绝。所以，要想得到更好的发展，必须先打造自己的形象。

那么，如何才能打造个人品牌呢？

一、维持学习力及学习心

学习力及学习心是不老的象征，也是延续个人品牌的手段。一个不断学习的人内在是丰富的，也会更容易拥有自信心及保持谦虚的态度。学习会让你时时刻刻感觉到自己在进步，学习会让你找到自身的不足，从而改正陋习。

二、不断提升自己的专业能力

"拥有专业能力"是一种绝佳的个人品牌，是一种内涵的呈现。由于不断地有新知识及新技术的推出，为了避免思维过时，大家必须不断地增进专业能力，这是打造个人品牌首先要注意的。

三、强化沟通能力

沟通能力包括倾听能力及表达能力。个人品牌必须通过沟通传达出去。必须要有能力在大众面前清楚地表达，通过文字传达思想，也要学习站在他人的角度看事情，尝试以对方听得懂的语言沟通。为了达到这个目的，倾听是必要的。

四、亲和力

亲和力是一种独有的气质，让人在不知不觉中被你吸引。

五、外表

外表是很重要的。当别人第一眼见到你，就会从你的外表开始判断你的好坏。学习让你看起来清清爽爽、专业诚恳，以整洁利落来诉说你充沛的精力和良好的态度，是职场中的年轻人必备的能力。

建立个人品牌，可以从自己的强项开始。每个人都有自己独特的能力，都应及早找到自己的强项，尽量发挥，这是快速脱颖而出的秘诀。

◎ 发现自己的潜能，别留遗憾

潜能犹如一座待开发的金矿，蕴藏无穷，价值无限。每一个二十几岁的年轻人都有一座巨大的潜能金矿。奥里森·马登说过："我们大多数人的体内都潜伏着巨大的才能，但这种潜能酣睡着，一旦被激发，便能做出惊人的事业。"

但是，为什么大多数年轻人无法获取丰富的知识，获得成功的人生呢？

原因就在于他们潜在的巨大能量没有得到有效的开发和利用。

我们知道，即使是被称为20世纪最发达的大脑的拥有者爱因斯坦，终究也仅仅使用了自身潜能的10%！人类的大脑是世界上最复杂也是效率最高的信息处理系统。别看它的重量只有1400克左右，但却包含着100多亿个神经元。在这些神经元的周围还有1000多亿个胶质细胞。人脑的存储量大得惊人，在从出生到老年的漫长岁月中，大脑每秒钟足以记录1000个信息单位。

可见，每个人的身上都蕴藏着巨大的潜能，这些潜能对人生价值的实现起着举足轻重的作用。只要我们有效地开发自身的潜能，不但可以实现人生的种种目标，甚至可以创造出令人惊讶的奇迹。

你是不是经常因为一点点小挫折就从心里否定了自己，暗自沮丧，丧失了继续前行与奋斗的勇气？如果真是如此，你应该及时改变这种消极的心态，你的潜能宝藏还未被挖掘出来，你的能力与才华也并未得到正确而充分的展示。

潜能是上帝放在我们每个人心中的"巨人"，千万别因为遇到一点点困难就对自己失去信心，赶快唤醒你心中的"巨人"吧。

一、将你的精神标语写下来

将你的精神标语写下来，例如"我一定可以完成这个项目""我现在感到很幸福"。明晰的标语能使你的目标清晰明朗，这是光凭记忆做不到的。

每天念诵两次你的精神标语：一次在刚醒来的时候，一次在临睡之前——这两段时间是你潜意识活动比较弱，最容易与潜意识沟通的时段。

在念诵的时候，你要贯注感情，并且想象你成功的样子。

二、每天暗示自己"你做得很好"

想要成功的你，要每天在心中念诵自励的暗示宣言，并牢记成功心法：你要有强烈的成功欲望、无坚不摧的自信心。如果你使精神与行动一致的话，一种神奇的宇宙力量将会替你打开宝库之门。

二十几岁的时候，如果在你的潜意识中你是一个幸福的人，你会不断地在你内心的"荧屏"上见到一个充满信心、锐意进取的自我，听到"你做得很好，你会做得更好"这一类的鼓舞信息；然后感受到喜悦、兴奋与力量——而你在现实生活中便会"注定"成功。

三、构想成功后的自我

伟大的人生始自心里的想象，即你希望做什么事、成为什么人。二十几岁的人都有自己的梦想，在你心里，应该稳定地放置一幅自己成功的画像，然后向前移动并与之吻合。如果你替自己画一幅失败的画像，那么，你必将远离成功；相反，替自己画一幅成功的画像，你与成功即可不期而遇。

四、给自己制造"适量"的压力

我们知道有"狗急跳墙""背水一战"的说法，因为在面对险恶绝望的环境时，无论动物还是人，出于求生的本能都易于激发出自己的潜能，从而创造令人匪夷所思的奇迹。

明白了潜能激发的道理，我们就可以给自己制造一定的压力，例如"在下班之前我务必要拜访5个客户""3个小时之内把所有工作完成"，等等。只要这种压力在你能承受范围之内，你就可能开发出无穷无尽的潜能，并能创造性地完成任务。

五、挑战一次自己的极限

多尝试做一些自己从来没做过的事情，例如当众作一次激情洋溢的演讲，参加一次马拉松长跑比赛……看自己有没有面临挑战的勇气。大自然赐给每个人巨大的潜能，但由于没有进行各种有效训练，每个人的潜能似乎都未得到淋漓尽致的发挥。而在寻求极限体验的过程中，随着"极限时刻"的来临，你的潜能会一次又一次被激发出来，你会感到：自身的力量是无限的。

要相信自己的潜能，努力发掘自己的潜能，千万别给自己留下遗憾。

选择适合自己的生活方式

每个人都有自己的特性，都有适合自己的生活方式，只有找到适合自己的生活方式，人生才会精彩与幸福。

的确，现实生活中，许多人之所以一事无成，甚至自暴自弃，其根本原因就是他们对自己没有清醒的认识，他们不知道自己到底想要干什么。因此，如果你想要成就自我，干出一番事业，就必须对自己有一个清楚的认识。

2002年，美国梭罗博物馆通过互联网做了一个测试，题目是：你认为亨利·梭罗的一生很糟糕吗？为了便于不同语种的人识别和点击，他们在题目的下面贴出16面国旗。到5月6日（梭罗逝世纪念日），共有467432人参加了测试，其结果是：92.3%的人点击了"否"；5.6%的人点击了"是"；2.1%的人点击了"不清楚"。

这一结果出来之后，非常出乎主办方的预料。大家都知道，梭罗毕业于哈佛大学，他没有像他的大部分同学那样，去经商或走向政界或成为明星，而是选择了瓦尔登湖。他在那儿搭起小木屋，开荒种地，写作看书，过着原始而简朴的生活。他在世44年，没有女人爱他，没有出版商赏识他。生前在许多事情上很少取得成功。他写作、静思，直到得肺病在康科德离世。

就是这样的一个人，世界上竟有那么多的人认为他的生活并不糟糕。是什么原因使他们羡慕起梭罗呢？为了搞清楚其中的原因，梭罗博物馆在网上首先访问了一位商人。

商人答："我从小就喜欢印象派大师高更的绘画，我的愿望就是做一位画家，可是为了挣钱，我却成了一位画商，现在我天天都有一种走错路的感觉。梭罗不一样，他喜爱大自然，就义无反顾地走向了大自然，他应该是幸福的。"

接着他们又访问了一位作家，作家说："我天生喜欢写作，现在我做了作家，我非常满意；梭罗也是这样，我想他的生活不会太糟糕。"后来他们又访问了其他一些人，比如银行的经理、饭店的厨师以及牧师、学生和政府的职员等。其中一位是这样给博物馆留言的："别说梭罗的生活，就是梵高的生活，也比我现在的生活值得羡慕，因为他们没有违背上帝的旨意，他们都活在自己该活的领域，都做着自己天性中该做的事，他们是自己真正的主宰，而我却在为了过上某种更富裕的生活，在烦躁和不情愿中日复一日地忙碌。"

这个测试反映了我们生活中的一个永恒的矛盾：做自己喜欢做的事与做自己应该做的事之间的矛盾。一个人只有在做自己最喜欢做的事，遵循自己内心的意愿生活，他才能够感受到生命的价值和快乐，才会觉得自己的生活是幸福的。

作家周国平在《碎句与短章》一书中说："我相信，从理论上说，每一个人的禀赋和能力的基本性质是早已确定的，因此，在这个世界上必定有一种最适合他的事业，一个最适合他的领域。"老子说："不失其所者久。"一个人不论伟大还是平凡，只要他顺应自己的天性，找到自己真正喜欢做的事，并且一心把自己喜欢做的事做得尽善尽美，他在这世界上就有了牢不可破的家园。

生活不是试跑，也不是正式比赛前的准备运动，生活就是生活。按自己的方式选择生活，放弃不适合自己的生活，才能获得生活中的喜悦，才能享受生命中的快乐。

◆ 找不到喜欢的就做顺手的

一位心理学教授在给自己的学生授课时曾讲过人生规划这一问题，他对自己的学生说，如果你找不到喜欢的事情来做，就先做一些顺手的事情。在这些事情中你可以慢慢地培养出自信心，明确未来的发展方向。他为自己的学生讲了下面这个故事：

　　一个补鞋匠的儿子，初中毕业就辍学了，原因是家里无法为他支付巨额的学费。在物质社会越来越发达的今天，鞋子甚至还没穿坏就被扔了，没多少人愿意修鞋了。补鞋匠的生意很惨淡，只能维持最基本的生活。母亲不愿意过这种生活，早早地便离他们而去。他和父亲对母亲的离弃并没有怨恨，他们知道这就是生活。

　　父亲将他留在了身边，想先教他修鞋，顺便帮客人擦擦皮鞋，等大一点了再送他去学其他的技能。父亲不愿意让儿子继承这没前途的职业。

　　一天，父亲扛着工具箱走在街上招揽生意，不幸遭遇车祸，离开了人世，当时他正在家里洗衣服。这突如其来的打击在他年少的心里留下了阴影。拿到极少的赔偿金时，他的心都在颤抖，以后的生活该怎么办啊！

　　沉默了一周后的他，走出了家门，他总要养活自己吧，除了靠自己，别无他法。在这个孤独而熟悉的城市逛了几圈后，他发现自己身子弱，也没有什么工作能力，擦皮鞋是最好的选择了，况且以前在父亲的指导下，这项技术还是他最拿手的。

　　说做就做，第二天，他就早早地来到了城市最繁华的商业区，在不起眼的角落找了个位置，准备开始一天的工作。那时，擦皮鞋的师傅并不多，因此，有不少路人都请他擦鞋。没想到，他一整天下来根本没时间休息，手也感到酸痛，他从来没这么兴奋过，因为他一天赚的钱相当于父亲五天赚的钱了。他觉得离生活的新目标越来越近，虽然他不知道那个目标具体是什么，他只知道，明天要更努力地擦鞋。

这种付出让他真正体会到了什么是最快乐的事情，一年下来，他的生活好过多了，收入也不错，甚至还存了一些钱。他终于做了一个大胆且冒险的决定：租一个店面来擦鞋。找了好几天，他终于找到了一个只有几平方米的小店面，对擦鞋来说，刚好合适。就这样，他的皮鞋保养店就开张了，生意自然是好得让他都不敢相信。后来他又在店里提供免费的报纸，还代售一种除臭吸汗的鞋垫，更增加了自己的卖点。

两年以后，他扩大了自己的经营范围，在城市繁华的地段又开了两家店，那年他刚刚满20岁。

很多二十几岁的年轻人就像例子中的少年一样，不知道自己的目标是什么。

一个人如果一时间找不到各个方面都满意的工作，不妨从自己最拿手的事情做起。做一件得心应手的事会让人感到更加自信，也更容易成功。能让人快乐的工作，就是好工作。在快乐中学习，又何尝不是学习的至高境界呢？成功的最佳目标不是最有价值的那个，而是最有可能实现的那个。

正如富兰克林所说的，宝物放错了地方就是废物。二十几岁的年轻人不能因为一时找不到自己喜欢做的事，就随便把自己塞入一个行业。这时候，不妨从自己做顺手的事做起，也是不错的选择。

◆ 成为本行业的专家

"无论从事什么职业，都应该精通它！"这句话标示了让工作成为专业的重要意义。作为一名从业者，如果你想让自己有更好的发展，就要努力提升自己的专业技能，使自己成为本行业的专家，如此才能创造非凡业绩。

张毅翔毕业于苏州技师学院，当过操作工、维修人员，做过基层管理，当过班组长、线长、课长。不管在哪里，张毅翔始终立足本职岗位，把工作做得比昨天更好、比别人更好。他当操作工的时候，每天面对同样的产品，尽管工作简单枯燥，但他总是力求完美。张毅翔开始从事的几个岗位，工作难度都不大，难的是对待每一份工作都要保持一样的敬业精神和认真态度；难的是要把每件小事都做到极致，张毅翔做到了。在当维修工的时候，公司涉及的维修项目，他没有完不成的。松下系统公司的领导赞赏地说："对于张毅翔来说，我们公司没有他修不了的东西。"他多次被评为公司优秀员工，成为企业的骨干力量。

别人问他什么东西都能修是怎样做到的。他说："这得益于在技校学的理论知识，得益于在技校养成的勤动手的习惯和不怕脏、不怕累的精神。"他说，当维修工时自己经常琢磨各种设备、零部件，了解它们的构造和性能特点，由于有理论知识做基础，他动起手来就心中有数，能很快发现问题。那些设备、零部件在他手中翻来覆去几十回，熟能生巧，当然不成问题。

2000年他当了班长，负责组织完成班上的生产任务，保证质量和品质。松下公司在苏州生产的产品有一部分要返销日本，产品进入日本时，日方要进行检查，验证产品质量，程序要求非常严格。2001年上半年，返销日本的产品中出现6起不良品事件，这已经达到了公司规定的全年不良品上限。产品在国内检查时是合格的，为什么到了日本就不合格了呢？张毅翔着手解决这个问题。

凭着多年对生产过程、质量管理以及控制过程的熟悉，他判断问题应该出在动态管理上，也就是说，产品存在一个变化点管理的问题，只有实现了对变化点合理、完善的管理，产品品质才不会因为空间、时间以及其他外在因素的变化而改变。他对症下药，完善了变化点管理程序，改善了动态管理过程，顺利解决了问题。

2002年他升任制造部科长，升到了技能岗位的高层。很多人羡慕他走上了管理岗位，但张毅翔认为，没有人生来就懂管理，管理其实是对过程的熟悉，而对过程的熟悉，不仅是时间的积累，更是技术的不断完善和提高。

张毅翔的故事给大家的启迪就是：干一行，爱一行，精一行，无论我们做什么工作，必须对自己所从事的事业精益求精，刻苦钻研业务知识，做本行业的尖兵，做业绩的榜样。这是职场上追求卓越、立于不败之地的一大法宝。

在英国赛马界，有一位声望很高、极有权威性的人物亨利·亚当斯，他既不是声名显赫的老板，也不是技能出众的赛手，而是一位钉马掌的铁匠。

亨利钉的马掌可以说是骏马蹄上最合适的马掌。他说："我给它们钉了一辈子的掌，这就是我的工作，也是我最关心的事，我看到一匹马，首先想到的就是该给它钉一副什么样的掌最合适。"

他一辈子给人家钉马掌，为自己赢得了极高的荣誉。现在他年事已高，但找他钉马掌的赛手仍络绎不绝，甚至要预约，因为在赛手们眼中，他是无人可替代的。

钉马掌的工作看起来微不足道，亨利·亚当斯却做成了这个行业的专家。

由此可见，业精于专，与其诸事平平，不如一事精通，这才是取得业绩、成就伟业的关键，也是职业人士攀登职业高峰的秘诀。

美国前总统老布什在得克萨斯州一所学校做演讲时，对学生们说："比其他事情更重要的是，你们需要知道怎样将一件事情做好，与其他有能力做这件事的人相比，如果你能做得更好，那么,你就永远不会失业。"

在这个世界上,各行各业的技术能手、才华横溢的人才数不胜数,可是真正成功的人有几个?要想成为行业的专家,就要专注自己的优势,将优势发挥到极致。一个拥有一项专业技能的人,要比那种样样不精的多面手更容易取得骄人的业绩和辉煌的成就。

◆ 建立排名前五的专业水平

现代社会已经成为一个专业化的时代,专业人才受到了社会的推崇。而对个人来讲,专业水平已经成为立身之本,构成了自己立足职场的关键因素。只要你认准了自己的专业发展前景,就要坚持自己的选择,这是通向成功的必由之路。不管对企业,还是对个人,都同样适用。当你在自己的专业领域进入了前五的排名,就会得到社会的认可、肯定。

如今,很多企业都意识到了专业的重要性,注重在某个领域内努力提升自己的专业水平、能力、技能和经验。

零点调查公司目前在国内调查行业中是发展较好的一家。成立于1992年,它的创办人袁岳当时从稳定的国家机关职位上辞职下海成立了这家专业性调查研究公司。当时,国外的市场调查行业如火如荼,国内却鲜有人了解,袁岳清醒地认识到了这个行业发展的潜力巨大。经过十多年的发展，零点一直在走一条专业化的发展之路，在市场调研领域里，进行很多的探索，为客户提供更加专业的服务。诸如将调查的领域分门别类地细分为房地产汽车研究组、快速变动消费品与金融研究组等，并探索相应的调查分析技术。如今的网络调查随处可见，零点公司是在1997年就开始尝试进行网络调查的。零点公司在追求专业化发展的进程中，能够密切关注本领域的发展趋势，敏锐地捕捉先进的调查技术，因此在行业内站住脚。

零点公司经历了一个厚积薄发的过程。起初，专注于国内很少人知晓的市场调查领域。到如今，这个行业如雨后春笋般遍地开花时，零点公司已经做大做强，使自己的品牌在行业内享有很高的声望。

那么，对于个人来讲，努力提升自己的专业水平的过程固然艰辛。但是，只要自己能够坚持下去，一切的付出都会得到加倍的回报。试想，即使一个资质平庸的人，如果他能够在自己的专业领域几十年如一日地学习、探索，日复一日、年复一年地积累与沉淀，他的专业水平一定是非常高超的。坚持不懈的力量是非常强大的。

古南在大学期间学的是英语专业，他本人也非常喜欢英语，专业能力也比较强，所以在毕业找工作的时候，他如愿以偿地进入了一家外企从事英文翻译工作。他的工作很出色，受到了公司上上下下的肯定和认可。但是，他认为在外企的发展不如在国企好。工作了两年后,他看到周围在银行工作的同学收入不错、工作也很稳定,就萌发了跳槽的念头。后来,他通过一些关系,进入了一家银行工作,分配给他的工作岗位是人力资源管理。他对这个领域完全不了解,只能是摸着石头过河。由于专业能力不强,他在银行的晋升机会也很渺茫,自己本来擅长的英语也就此荒废掉了。

古南仅看到了眼前利益,却轻视了长远的发展。在竞争如此激烈的情况下,难以发挥自己的专业优势,就失去了与别人竞争的基石。当然,古南的案例并不少见,我们很多人在面临选择的时候,都很可能忽视了专业的重要性。最终,在不知不觉中放弃了远大的志向,安享当前的安逸生活。

因此千万不能忽视专业的重要性,努力建立排名前五的专业水平,那么你的核心竞争能力也会不断提升。

◎"百门通"不如"一门精"

做通才还是做专才?这恐怕是年轻朋友们在成长过程中一直困扰自己的一个问题。年轻人都想学习更多的本领,但人一生的精力是有限的,要懂得合理分配才能有所成就。如果你将精力分摊到几件事情上,就会发现每件事都可以做但不会做到最好。而现代社会是一个专业化的社会,并不缺少"百门通"

的人才,现在缺少的是"一门精"的专业技能人才。在这里,你只有业有所精、技有所长,使自己在某一领域中有过人之处,才能获得更多成功的机会。否则,自认为是多才多艺,实则是样样不精。

多年前,当自动化计算机技术还未面世时,在工商管理方面极负盛名的哈巴德曾经这样说:"一架机器可以取代五十个普通人的工作,但是任何机器都无法取代专家的工作。"

果然,现代数以万计的普通工作都已经由机器取代了,但专门人才的地位还是稳如泰山。因为没有这些专家来操纵机器,机器就会像废物一样毫无用处。

人生在世,安身立命,你必须有一样拿得出手的专长。不学无术、得过且过,没有掌握半点拿得出手的本事肯定不行;虽好学肯干,但目标散,用心不专,这样本事虽多,却大都水平一般,没有一样拿得出手也不行;浅尝辄止,稍得既安,不能学精学透,直至高点,这样虽有一样本事,仍然拿不出手,还是不行。俗话说,"不怕千招会,就怕一招熟"。如果学东西学得不够精,比上不足,比下有余,在外行面前还能耍一下威风,但遇到了真正的行家里手,就会露出破绽。

古代天津有位叫"狗子"的生意人,只是对蒸包子有所专长,他成功地创下了一个名扬中外的狗不理包子老字号;北京的王麻子只是剪刀做得好,他却凭此成功地开创了自己的事业。相反,许多知识涉猎广博的人,对各个领域都是浅尝辄止，结果一生平庸，默默无闻。

当代社会是一个竞争的社会，要在这个环境中立足、发展，就一定要有至少一样拿得出手的技能。

...第三章

正确选择比一味努力更重要，不走弯路才是捷径

3

◉ 正确的选择比一味努力更重要

有一个非常勤奋的青年，很想在各个方面都比身边的人强。但是经过多年的努力，仍然没有长进，他很苦恼，就向某位高僧请教。

大师叫来正在砍柴的3个弟子，嘱咐说："你们带这位施主到五里山，打一担他自己认为最满意的木柴。"年轻人和3个弟子沿着门前湍急的江水，直奔五里山。

等到他们返回时，大师正在原地迎接他们。年轻人满头大汗、气喘吁吁地扛着两捆柴，蹒跚而来。两个弟子一前一后，前面的弟子用扁担前后各担4捆柴，后面的弟子轻松地跟着。正在这时，从江面驶来一个木筏，载着小弟子和8捆木柴，停在大师的面前。

年轻人和两个先到的弟子，你看看我，我看看你，沉默不语；唯独划木筏的小弟子，与师父坦然相对。大师见状，问："怎么啦，你们对自己的表现不满意？""大师，让我们再砍一次吧！"那个年轻人请求说，"我一开始就砍了6捆，扛到半路，就扛不动了，扔了两捆；又走了一会儿，还是压得喘不过气，又扔掉两捆；最后，我就把这两捆扛回来了。可是，大师，我已经很努力了。"

"我和他恰恰相反,"那个大弟子说,"刚开始,我俩各砍两捆,将4捆柴一前一后挂在扁担上,跟着这个施主走。我和师弟轮换担柴,不但不觉得累,反倒觉得轻松了很多。最后,又把施主丢弃的柴挑了回来。"

划木筏的小弟子接过话,说:"我个子矮,力气小,别说两捆,就是一捆,这么远的路也挑不回来,所以,我选择走水路……"

大师用赞赏的目光看着弟子们,微微颔首,然后走到年轻人面前,拍着他的肩膀语重心长地说:"一个人要走自己的路,本身没有错,关键是怎样走;走自己的路,让别人说,也没有错,关键是走的路是否正确。年轻人,你要永远记住:选择比努力更重要。"

毕业后迫于生计,我们选择了一份可以糊口的工作,但这份工作并不那么容易,努力了,但就是做不到最好。有的人会指责说你工作态度有问题,要真努力工作了,岂有做不好之理。其实,归根结底并不是这些人不够爱岗敬业,而是这份工作并不适合他们。换言之,要想把一项工作做得得心应手,就要选择适合自己的。那么,原来选错了怎么办?不要犹豫,放弃它,去把握属于你的正确方向。

人生的悲剧不是无法实现自己的目标,而是不知道自己的目标是什么。成功不在于你身在何处,而在于你朝着哪个方向走,能否坚持下去。没有正确的目标就永远不会到达成功的彼岸。

有太多坚持就是胜利的故事,让我们以为坚持就是好的,而放弃就是消极的。其实,现实往往不是这么简单,坚持代表一种顽强的毅力,它就像不断给汽车提供前进动力的发动机。但是,在前进的同时还需要一定的技巧,如果方向不对,只会离目标越来越远,这时,只有先放弃,等找准方向再重新努力才是明智之举。

每个人都有梦想,人因为拥有梦想而伟大,没有梦想的人是会被社会淘汰的。为了实现自己的梦想,每个人都在努力。现在的社会,努力很重要,但是努力就一定会有一个好结果吗?不见得,我们曾为工作绞尽脑汁,也曾为工作废寝忘食,但得到的结果是什么呢?我们的梦想像肥皂泡一样一个个地破灭,直到现在依然两手空空。

21世纪的今天,选择比努力更重要,努力一定要放在选择之后。昨天的选择决定今天的结果,今天的选择决定明天的命运。选择不对,努力白费,你做出正确的选择了吗?

◈ 有才华的人一事无成,只因跟错了人

跟对人是成功的基础,凡是成功者莫不始于此。跟对了人,从此事半功倍,阔步向前!而一旦跟错了人,就好比根基没打好,后天再努力,也只会事倍功半,甚至劳而不获,"投入"与

"产出"严重背离!

跟对了老板,是缘分,从此幸运和机会就不断敲开你的窗子;而跟错了老板,枉费青春不说,还有可能风险频发,甚至招致牢狱之灾。

所以,年轻人一定要用以下这句话时刻警醒自己:宁可拜错神,不可跟错人!

田洁毕业于上海一所知名大学,实习结束后就来到北京找工作。一次偶然的机会,田洁进入了保险行业。通过公司的一系列培训,田洁开始了保险销售工作。因为勤奋好学,还有一个能力不错的经理作指导,第一个月田洁就做出了不错的业绩,仅半年时间,就挣了不少钱。这时意外发生了——田洁的经理要带他们集体跳槽另一家保险集团,为了感谢经理对她的培养,田洁决定跟他一起打天下。新公司的制度跟上一家不同,但因为有上司罩着,田洁很放心。可是过了一段时间,田洁就见不到经理和另一个跟她一块儿跳槽过来的同事了。后来才听说,原来经理被猎头挖到一家外企做主管了,只带走了那个能力较强的同事,却把她撇在了这家公司。田洁在新公司里感到很孤独,也适应不了公司的制度,接连几个月没有做出一点业绩,不久她的新上司就向她下了"逐客令"。

职场上像田洁这样的人有很多,有的人跳槽是为了能有更多的薪水,有的人是为了发挥自己的专长,有的人是为以后自己创业积累经验和关系。而田洁跳槽,是受其上司"煽动",最后被上司"甩了包袱",这种跳槽,往往是上司受益,跟随者遭殃。

可见,跟对人对一个职场人士来说,是至关重要的。

在生活中,我们经常会看到这样一种情景:有些人才华横溢,能力非凡,在学校他们是众多同学仰慕的"明星",步入社会他们也会因为个人独特的魅力吸引众多关注的目光,但是他们中的多数人,最后并没有什么值得称道的建树,有的甚至很平庸。

这些人为什么会一事无成呢?关键是他们忽略了一个重要的客观因素——金子本身是不会发光的,只有在光的照射下,金子才会光彩夺目!这好像一个有才华的人,空有才华,却没有一个伯乐懂得赏识他,给他提供一个发展和表演的舞台,那他最终的结果,只能是"满腔才华付诸东流",落魄一生。

另外还有一个奇怪的现象,那就是很多人并没有什么特质,他们根本就不像是能做大事的人,可最后却获得了巨大的成功,究其原因,就是他们跟对了人。

前者没有跟对人,即使有才华也被埋没;后者跟对了人,即使资质平庸,却能出乎意料地取得惊人的成绩。

生活中类似的例子数不胜数,如果你细心观察就能发现,这个道理处处都在被验证着。我们平时看的电影、电视剧也常会出现这样的镜头:跟着正派人物,虽然受尽磨难,半生辛苦,但苦尽甘来,终有所成;而跟着邪恶势力,虽说耀武扬威,逞强一时，但最后多半毁在自己人手里，被自家人出卖，挡了枪口，背了黑锅！

跟对人至关重要！在职场上，这一点至关重要！

职场最需要的就是跟对人，他是你事业上的一盏明灯，直接照亮你的职业前景，你的一生也将因此改变。如果在职场上遇到一个不好的老板，就好比在前进的路上遇到一只拦路虎，会让你职途坎坷多蹇。业绩好的时候，他会把所有的功劳都算在自己的头上；业绩差的时候，他会把所有的责任都推给你。

所以，纵使你再有才华，也千万不要跟错人。

◎ 选老板就像选对象，一定要慎重

一个人肚子里装满才华，就好比一家小店进满了货，进货的目的是卖出去，这就需要找到一个合适的老板，在"老板"财力和精神的支持下，小店才能经营得有声有色。而一个有才华的人也需要这样一位"识货"的老板，将肚子里的"才华"卖出去，唯有如此，有才华的人，才能找到用武之地，实现自己的人生理想。

如果有货，找到的却是一位不"识货"的老板，是小店，就会货物滞仓，长此以往，"店将不店"，迟早关门歇菜；是人，则"人将不才",你受到的不是人才的待遇,是连一般人都不如的待遇。将自己的"货"卖出去,一直卖到清仓、进货、再清仓,你才有可能成功,职场上成功的人莫不是如此。

能否找到一位合适的老板,你的情况会有天壤之别。张飞在市井混时,结识过大批小流氓和小老板,可是依然靠卖猪肉为生,而跟随刘备以后,他才得以成为叱咤一时的大将。

可见,选对老板跟对人,对于一个有才华的人来说是多么重要!

那么,如何才能找到合适的老板跟对人呢?下面是几点建议。

(1)无论学历如何,只要对商海有独到见解,对自己有坚强信心的人。你不是在选教授,不必一定选择高学历,因为只有他精于商场,在商场上节节取胜,你才有可能从士兵升到将军。

(2)无论文化如何,只要求知若渴,孜孜以求的人。无知的人是最容易满足的,反过来讲,不满足的人往往有知有识,进步飞速。

(3)上班比职工还准时的人。起码说明他对自己是负责的,如果对自己都不负责,如何对别人负责?格外遵守时间的人,不因内部开会而迟到,也不虚假解释,准时是他人品和素质的反映。

(4)凡事有原则的人。奖励你有奖励你的原则,惩罚你也有惩罚你的标准，不以个人情绪为标准。只有奖惩分明才能带动一支队伍。

（5）心胸坦荡，不计较针针线线的人。一个老板要能容人，容不得人如何纳千军万马？职工打个哈欠，他非说坏了他的财气，这样的人不可跟。

（6）有胆量和魄力的人。什么叫胆量？就是别人不敢做他敢，当然违法犯罪的事除外；什么叫魄力？就是别人只想着做1万元的事，他却在想着做1000万元的事，当然空想也没用。画饼充饥，只一味许诺却从不实现的人不要跟，也不能跟。

（7）不嫉贤妒能的人，永远能够看到别人优点的人是首选。有种人看见别人好，自己就睡不着觉；看见别人不行，又在那儿骂骂咧咧，永远是别人不对。跟着这样的人，你永远没有出头之日。

（8）不大手大脚，也不小气的人。该花的，花多少也不吝惜；不该花的，一个钉子也要从地上捡起来。

这只是几点建议，究竟如何选择最适合你的老板，就像如何选择最适合你的对象一样，没有统一的标准。要想选对老板，最后还要看你个人的品位，选择权在你，选得好坏就看你的眼力了。

"事必躬亲"型老板不能跟

什么是"事必躬亲"型的老板？

一般来说，事必躬亲的老板在工作中都会带有"每一件事情我不经手就一定会出差错"的想法，所以他们总是小心谨慎地应对每一件事。其实在他们心里，这是他们引以为傲的一件事。他们喜欢说的一句话就是"累死了"，但是脸上却表现出很知足的样子。这类老板的思维定式就是"能者多劳"，他们认为谁最"累"便是谁最"能"，老板当然不会放过享受这样的"殊荣"。

生活中，事必躬亲的老板并不少见，尤其是一些小公司。老板的事必躬亲一般出于以下三个原因：

一是出于利益上的考虑，认为只要自己多干一些就可以少请一名员工。少请一名员工，就可以少发放一份工资，节约成本。对于工作量小的员工可以降低他的待遇，要是员工不满，就跟他一项一项地细数工作内容，让他无言以辩。

二是过分相信自己的能力，认为只有自己才能把事情办好；也有少数老板畏惧下属的能力，担心一旦授权会"功高盖主"；有的老板有强烈的权力欲望，只有事必躬亲，才能显示自己是有权力的人，不要说授权，就是下属职责范围内的事他也要插手。

三是老板对员工有偏见,对其毫不信任,所以自己把持着公司里几乎所有的权力,无论什么事,只有亲力亲为才放心,事无巨细,没有他的同意哪件事都别想开展下去,即使是很小的办公用品都要到他指定的地点购买。员工无须考虑该不该做或者某件事对企业是否有利,只要执行老板的命令就行了!

事必躬亲的结果往往是企业内部混乱、分权不均,职位形同虚设。

有一家餐饮业的老板,短短几年,便把一个大排档发展成为一家有数家分店的餐饮连锁企业。企业越大,他就越忙,天天"两眼一睁,忙到熄灯"。虽然聘请了一个月薪过万的总经理,但是由于老板大权独揽,小权不放,动辄"一竿子到底",这位总经理也就大小事情都向老板汇报,将自己的功能降到楼面经理的位置。由于老板不懂、不肯、不会授权,也没有激发下属的潜能,企业的各类事情只能被动应对,碰到什么突发、紧急事情,常常顾前不顾后。

"吃饭有人找,睡觉有人喊,走路有人拦",是这位老板每天的生活写照。最后,企业萎缩,终告破产,老板也只能到外地去谋发展。事业无成倒也罢了,由于终年劳累,他还落了一身的病。

做老板的如果像例子里的这位一样事必躬亲,大事小事一手抓,只能埋没下属的能力,让自己疲惫不堪,是很不值得的。一个明智的、有远见的老板一定是一个懂得授权的人,他会让下属忙碌，而自己乐得清闲。

授权指的是老板根据工作需要，将自己的一部分权力和责任委授给下属去执行，让下属在公司严格的制度下放手工作的一种领导艺术。"想大事、抓根本、懂授权、真信任"，是领导者举重若轻的法宝。一个老板应该懂得，适当的授权可以减轻自己的工作负担，让自己从琐碎的事务中解脱出来，集中精力干大事，发挥下属的专长，增强组织的凝聚力和战斗力，建立团队精神等，这些才是一个老板应该做的。

老板应该抓大放小，把握好大的方向，引领自己的企业走在正确的道路上，至于具体该怎么做则是下属的事。如果老板分不清轻重，什么都管，什么都做，那员工做什么？没有任何一个团队，仅凭老板一人单枪匹马就可打天下，现实世界不存在"孤胆英雄"，老板顶多是队长，他的心中必须时时刻刻树立着一个团队的旗子。

一个能成大事的老板会懂得抓大事、议大事，而把具体的事务交给下属去做，激励下属创造性地开展工作，这样，不仅能解脱自己，还能充分调动下属的主观能动性，从而取得最佳工作效益。年轻人在职场上跟着这样的老板，才有可能充分发挥个人才能，不断提升能力。而那些事无巨细都要过问的老板，只会限制你的发展。

◆ 选对朋友，离成功更近点

每个人都需要朋友。结识一些相互欣赏、有情有义的朋友对一个人的事业、生活是极其重要的。然而，人心有异，在交朋友之前，要学会洞察其是否有做真朋友的情怀。只有交了对的朋友，对我们才更有益、更有帮助。

吴明上大学后违背了父母的意愿，放弃医学专业，专心于创作。值得庆幸的是，一次偶然的机会，她遇到了知名的专栏作家田恬，她们成了知心朋友，无所不谈。经田恬悉心指教，不久吴明作品刊登在了报纸上。一个人在挫折时得到的帮助是很难忘的，更何况是朋友。吴明与田恬的关系好得不得了。她们一同参加鸡尾酒会，一同去图书馆查阅资料。吴明还把田恬介绍给所有自己认识的人。

但这时的田恬正面临着不为人知的困难，她已经拿不出与名声相当的作品了，创作源泉几近枯竭。

一次，当吴明把她最新的创作计划毫无保留地讲给田恬听时，田恬心里闪过了一丝光亮。她仔细听完，不住地点头，心中产生了一个丑恶的想法。

不久，吴明在报纸上看到了她构思的创作，文笔清新优美，署名是"田恬"。吴明谈到她当时的心情时说："我痛苦极了，其实，如果她当时给我打一个电话，解释一下，我是能够原谅她的，但我面对报纸等了整整3天，也没有任何音信。"

半年之后，吴明在图书馆遇到了田恬，她们互相询问了对方的生活，很有礼貌地握手告别。

自那件事以后，她们两个人都停止了创作。

可见，交友时要有一定的戒心，要有一定的识别能力。和一个人交往时要判断对方和你交往的动机是什么，是看重你的人品还是别的。如果是纯粹看重你的钱、势或想获得其他利益，那就不必深交；如果能达到互利互惠，当然也不妨交往一下。

应该明确的是，朋友的甄选并不能单凭你感情上的好恶作为标准。因为如果你只是凭自己喜欢与否来选择朋友，那会使你失去很多有价值的朋友。有的人可能第一眼看上去感觉不舒服，或者因为他模样长得怪，或者因为他不卫生，或者因为他语言不雅，但这只是你的第一印象，也许在你了解他以后，会觉得他是你最可信赖的朋友。

物以类聚，人以群分。看看对方周围都是些什么人，即可知道他是否值得交往。如果对方的朋友都是一些不三不四、不伦不类的人，他的素质也不会太高；如果他结交的都是些没有道德修养的人，他自己的修养也好不到哪里去。所以，了解一个人的朋友也就了解了这个人。

想了解一个人，还可以观察他是怎样对待别人的。人在得意时，特别爱诉说他与别人交往的情景，他说的时候是无意的，不会想到他与被说人有什么关系，所以，一般比较真实。

如果对方当着你的面说自己如何占了别人的便宜，如何欺骗了对方，等等，那你以后就得对他多留意一点儿，他有可能也会这么对待你。

还有一种人比较圆滑，很会处世，往往是当面一套，背后一套。聪明的人一定要注意这种人，因为他在你面前说别人坏，就有可能在别人面前说你坏。

有一种人可能当面批评你，指出你的缺点来，却又在你面前夸奖别人的优点，你也许一时无法接受他的这种直率，但这种人却是非常值得信赖的，是可以深交的好朋友。

要知道哪些人不可交，关键是要在生活中对其行为有比较理性的判断，如此你便会交上真正的朋友。

◆ 你想成为什么样的人，就跟随什么样的人

选择一个良好的环境，能够改变我们的思维与行为习惯，直接影响我们的工作与生活。同理，朋友也会影响我们，如果我们经常与优秀的人交往，自己也会向好的方向发展，反之亦然。

生活中，我们都会在不经意间接受来自环境的一些潜移默化的影响，从而不知不觉地改变自己的品行。正如西晋思想家傅玄所说："近朱者赤，近墨者黑。"

欧阳修是北宋时期著名的文学家、史学家和政治家。他在

文学上取得了卓越的成就，创作了大量优秀的散文和诗词。尤其是他的散文，简洁流畅，丰富生动，富有感染力。他还为当时的文坛培养了一批人才，像苏洵、苏轼、苏辙、曾巩、王安石（他们都是唐宋散文八大家之一）等，都出自他门下。

欧阳修在颍州府（今安徽省阜阳市）当长官的时候，有位名叫吕公著的年轻人在他手下当差。有一次，欧阳修的朋友范仲淹路过颍州，顺便拜访欧阳修。欧阳修热情招待，并请吕公著作陪叙话。谈话间，范仲淹对吕公著说："近朱者赤，近墨者黑。你在欧阳修身边做事，真是太好了，应当多向他请教作文写诗的技巧。"吕公著点头称是。后来，在欧阳修的言传身教下，吕公著的写作能力提高得很快。

《论语·里仁》云："见贤思齐焉。"如果一个人周围都是一些道德高尚的人，那么这个人也会通过努力去赶超他们，正如上述欧阳修的例子。同样，如果一个人总是与一些道德素质低的人交往，久而久之，他的品行也很容易变得恶劣。

年轻的寿险推销员杰克出身蓝领家庭，他平时也没什么朋友。华特先生是一位很优秀的保险顾问，而且拥有许多商业渠道。他出身富裕家庭，他的同学和朋友都是学有所成的社会精英。杰克与华特的世界根本就是天上地下，所以在保险业绩上也有着天壤之别。杰克没有人际网络，也不知道该如何建立，不知道如何与来自不同背景的人打交道，而且少有人缘。一次偶然的机会，杰克参加了开拓人际关系的课程训练，杰克受课程启发，开始有意识地和在保险领域颇有建树的华特联系，并且和华特建立了良好的私人关系，他通过华特认识了越来越多的人，事业上的新局面自然也就打开了。

杰克的成功得益于他的朋友华特和华特的人际关系。所以，和什么样的人在一起，自己的未来或许就是什么样子。与强者交朋友，自己往往会变得更强；与一无是处的人做朋友，自己则可能会变得更加颓废，更加一无是处。

因此，你想做什么样的人，就要向什么样的人靠拢。你想成为一个成功者，就要努力和成功者在一起，与成功者为伍，有助于在我们身边形成一个"成功"的氛围。在这个氛围中，我们可以向身边的成功人士学习正确的思维方法，感受他们的热情，了解并掌握他们处理问题的方法。

有时决定一个人身份和地位的并不完全是他的才能和价值，而是他与什么样的人在一起。所以，如果你想取得成功，就必须和成功人士站在一起，为自己平步青云铺路。

◆ 主动结交比你优秀的人

在选择朋友时，必须确立这样一条基本原则，那就是尽可能地选择那些比你优秀、在各方面领先你一步的人做朋友。

当然，我们要努力和那些自己所仰慕和尊崇的人交往，这并不意味着要结交那些更加富有的人,而是要结交那些有着较高文化素养、受过良好教育,并且有着更广泛的信息来源的人。

只有和这样的人交往,你才能尽可能多地吸取有助于你成长和发展的养料。而且在与他们接触的过程中,你也会逐渐提升自己的理想,追求更远大的目标,并付出更大的努力,以便有朝一日自己也能够成为一个优秀的人。

美国有一位名叫阿瑟·华卡的农家少年,在杂志上读了某些大实业家的故事后,想进一步了解,并希望得到他们对后来者的忠告。有一天,他跑到纽约,早上7点就到了实业家亚斯达的事务所。

在第二间房子里,华卡立刻认出了面前那位体格结实、长着一对浓眉的人,正是他要找的人。高个子的亚斯达开始觉得这少年有点讨厌,然而一听少年问他:"我很想知道,怎样才能赚得百万美元?"他便表情柔和并微笑起来,他们竟谈了一个小时。随后亚斯达还告诉他应该访问的其他实业界的名人。

华卡照着亚斯达的指示,访遍了一流的商人、总编辑及银行家。

在赚钱这方面,他所得到的忠告并不见得对他有多大的帮助,但是能得到成功者的意见,给了他自信。他开始仿效成功者的做法。

两年之后,华卡成为他曾做过学徒的那家工厂的所有者。24岁时,他成了一家农业机械厂的总经理。不到5年,他就如愿以偿地拥有了百万美元的财富。

华卡在活跃于实业界的 67 年中,实践着他年轻时去纽约学到的基本信条,即多与有益的人结交,多去见成功立业的前辈。而他的成功也正是因为他主动结交优秀的人,从他们那里得到了不少信心以及各种资源。

与伟大的人缔结友情,和第一次创业就能赚 100 万美元一样,是相当困难的事。原因并不在于伟人们的超群拔萃,而在于你自己容易忐忑不安。

不少人总是乐于与比自己差的人交际,因为这样会使自己在与友人交际时产生优越感。

我们可以从劣于自己的朋友中得到慰藉,但也必须从比自己优秀的朋友那里得到刺激,以增加勇气和动力。

总之,综观那些事业成功的人,大多数会依赖比自己优秀的朋友发家,不断地促使自己力争上游。如果你也想获得成功,一定要主动去结交那些比你优秀的人。

◆ 弃暗投明,良禽择木而栖

做人要辨别是非曲直,做正直之人。俗话说,水往低处流,人往高处走。弃暗投明,适当的时候"炒"掉你的上级,跟对的人,才能开始你的成功人生。禽择良木而栖,本身并没有错。

遇到小人暗算而又无路可走时，最佳的办法便是弃暗投明，另择明主。千万不可吊死在一棵树上。

章邯是秦朝的大将，对朝廷忠心耿耿，屡建奇功。

陈胜、吴广起义后，章邯受命讨伐。由于兵力不足，他便把刑徒和官奴也组织起来。在他的调教下，这支拼凑起来的队伍也颇有战斗力。

章邯性情直率，不喜谄媚，他对当时掌控着朝政的权臣赵高也不逢迎，惹得赵高十分恼怒。赵高为了报复章邯，竟对章邯的大功视而不见，更无封赏之意。

项羽崛起后，章邯与之交手多有败绩，他为此频频向朝廷告急。不想赵高为置他于死地，不仅不派兵援助，还把他的告急文书一律扣压，从不向秦二世禀报。

章邯连连失败的消息，有一天终于让秦二世知道了。秦二世身边的太监对秦二世说："章将军勇冠三军，若他有失，秦国就危险了，陛下将怎样对待他呢？"

秦二世怒不可遏："章邯深负皇恩，罪该万死，他还想活命吗？"

太监摇头说："章将军如今已是败军之将，必心多惶恐，斗志有失。陛下既依靠他杀敌保国，就不能任性责罚他了，否则他惧祸投敌，陛下岂不更加危险？陛下若能忍下气来，略作抚恤，章邯见陛下不怪罪，定能定下心神，再为秦国建功。"

于是秦二世再找赵高议论此事，赵高故作惊讶地说："章邯此人自高自大，向来不把朝廷放在眼里，这样的人不加责罚，哪能显出陛下的天威呢？"

秦二世于是下诏，对章邯大加指责，言辞甚厉。章邯接诏，又气又怕，一时六神无主。长史司马欣前去咸阳替他探听消息，从别人口中知晓这其中的缘故，于是赶紧返回对章邯说："赵高对将军心有排斥，看来无论你有功无功，都不免遭他陷害了。"

章邯大吃一惊，情绪更加低落。

值此时刻，赵将陈馀派人前来送书，劝他反叛秦国。信中说："白起、蒙恬都是秦国的大功臣，可他们的下场却是被赐死。将军为秦卖命奋战，到头来却被赵高陷害、昏君猜忌，命运可想而知。天意亡秦，如将军认清形势，反戈一击，不但无有灾祸，还有除暴济世之大名，何乐而不为呢？"

章邯见信落泪，久不作声。司马欣长叹一声，出语说："皇上不识奸佞，反责忠臣，这不是将军欲反，而是不得不反啊。"

于是，章邯向项羽投降，追随了项羽。

识时务者为俊杰，章邯的反叛加速了秦朝的灭亡和一个新朝代的建立。择主依时而变，不但顺应天理，而且对己有利，这种两全其美的事，对于有"心机"的人来说，是不难选择的。

在适当的时候，可以选择弃暗投明，择良木而栖，这样才能保全自己的利益，保全自己的前途。

找一个对手激发潜能

1996年世界爱鸟日这一天，芬兰维多利亚国家公园应广大市民的要求，放飞了一只在笼子里关了4年的秃鹫。3天后，当那些爱鸟者还在为自己的善举津津乐道时，一位游客在距公园不远处的一片小树林里发现了那只秃鹫的尸体。解剖发现，秃鹫死于饥饿。

秃鹫本来是一种十分凶悍的鸟，甚至可与美洲豹争食。然而由于它在笼子里被关得太久，远离天敌，结果失去了生存能力。

无独有偶。一位动物学家在考察生活于非洲奥兰治河两岸的动物时，注意到河东岸和河西岸的羚羊大不一样，前者繁殖能力比后者更强，而且前者奔跑的速度每分钟比后者要快13米。他感到十分奇怪，既然环境和食物都相同，何以差别如此之大？为了解开其中之谜，动物学家和当地动物保护协会进行了一项实验：在两岸分别捉10只羚羊送到对岸生活。结果，送到西岸的羚羊发展到14只，而送到东岸的羚羊只剩下了3只，另外7只被狼吃掉了。谜底终于被揭开了，原来东岸的羚羊之所以身体强健，是因为它们附近居住着一群狼，这使羚羊天天处在一个"竞争氛围"中。为了生存下去，它们变得越来越有"战斗力"。而西岸的羚羊弱不禁风，恰恰就是因为缺少天敌，没有生存压力。

大自然的法则就是"物竞天择,适者生存"。没有竞争,就没有发展;没有对手,自己就不会强大;没有敌人,就没有胜利可言。

和大自然类似,人的一生,无论顺利还是坎坷,注定要扮演"战士"的角色,遭遇大大小小的对手或"敌人"。战场上的真刀真枪自不必说,哪怕是在和平年代,大到创新事业,小到一场牌局,同样需要艰苦奋战,才能稳操胜券。

其实,在许多时刻,当他打败你时,绝对不会留什么情面;他嘲笑你时,那份冷酷更是刻骨铭心。是对手或敌人的强悍,让我们昼夜习武,练成一身好功夫;是对手或敌人的狡诈,使我们时刻保持警觉之心;是对手或敌人的强大,鞭策我们卧薪尝胆、韬光养晦;是对手或敌人的智慧,激励我们不断学习、与时俱进;是对手或敌人的威胁,令我们战战兢兢、如履薄冰;是对手或敌人的围追堵截,使我们不断自我否定,使我们打败真正的敌人——我们自己;是对手或敌人的暂时麻痹或懈怠,才导致了我们的幸运和成功。

在第27届奥运会上,孔令辉在男子乒乓球单打决赛中,艰难地以3∶2战胜瓦尔德内尔后,拿到了冠军。全国人民为之欢呼雀跃,而主持人白岩松说了一句话:"我们感谢瓦尔德内尔。"

是的,正如白岩松所说,有了这么一个强大的对手,和他多年来竞技水平的不断提高,才让垄断世界乒坛的中国队找到了真正意义上的对手。这样的对手,可使我们更强大,我们要感谢这样强大的对手。

生活中,竞争无处不在,对手也无处不在。正因为对手的存在,我们才会产生要打败他而成为强者的念头。这是人渴望胜利的本性,也是社会赋予人机会的条件。优胜劣汰,适者生存,这就是竞争,这就是要战胜对手的根本原因。有些对手阻碍你成功,所以你全力追求成功;有些对手阻碍你生存,所以你偏要活下去。谁也不想被淘汰出局,让我们在对手的激励下,变得越来越强大吧。

一份研究资料说,一年中不患一次感冒的人,得癌症的概率是经常患感冒者的6倍。至于俗语"蚌病生珠",则更说明问题。一粒砂子嵌入蚌的体内后,蚌将分泌出一种物质来疗伤,时间长了,便会逐渐形成一颗晶莹的珍珠。

说到"对手",我们想到的往往就是某种敌意和戒备,但是,"对手"也可以成为我们的伙伴和朋友。给自己找一个对手,认识到自己和别人的差距,从而为自己确立一个奋斗目标。给自己找的那位竞争对手,不能太强,太强了会让你感觉高不可攀,反而打击你的信心;也不能太弱,那样就无法很好地激发出你的潜能。最好的竞争对手,是比你稍强一点,他在某一方面值得你去学习,最重要的是,你从他身上能感觉到自己经过一段时间的努力后能够赶超他,这样才会有动力。

···第四章
掌握高效学习之道，快速实现自我赋能和知识变现

融入生活，培养综合能力

21世纪的青年，充满个性，喜欢张扬。在社会竞争日趋激烈的今天，青少年综合能力的培养越来越受到家长和社会的重视。为了能够从庞大的竞争人群中脱颖而出，在未来求职就业、走向社会的道路上能够领先一步，开创自己与众不同的发展道路，提高青少年自身基础素质，锻炼其综合能力和社会适应能力已刻不容缓。科学证明，许多影响人的一生行为或成就的基本素质，都形成于青少年时期，因此，青少年时期是实施素质教育、提高综合能力，促进青少年德智体全面发展的最佳时期和关键时期。提高青少年的综合能力正好符合了当前的素质教育。

什么是素质教育？

素质教育是指依据人的发展和社会发展的实际需要，以全面提高全体学生的基本素质为根本目的，以尊重学生主体性和主动精神，注重开发人的智慧潜能，注重形成人的健全个性为根本特征的教育。素质教育的主要内容包括4个方面：思想道德素质、科学文化素质、身体素质、心理素质和生活技能素质。素质教育的最终目标是教会学生学会做人，学会求知，学会劳动，学会生活，学会健体，学会审美。从这几方面着手，青少年的综合能力自然而然就提高了。

沈诞琦，复旦附中高二理科班学生。2005年8月，她从年级组里最优秀的10名学生中脱颖而出，被美国著名中学TAFT寄宿制高中选中，作为复旦附中参加国际交流的学生，去该校完成高中学业。美国的学校向来重视多元文化的教育，因此，吸引TAFT寄宿制高中的不仅是沈诞琦每门学科的优异成绩，还有她各方面的综合能力。在复旦附中，沈诞琦曾多次组织大型论坛、演讲赛，并获得好评；作为上海市青年人环保协会的副理事长，她利用课余时间参与了多项课题研究。沈诞琦为什么如此幸运呢？下面我们一探究竟。

沈诞琦还在上幼儿园的时候，妈妈从沈诞琦每天答题的"程序"中欣喜地发现，女儿不仅习惯了这种学习方式，甚至还把不断缩短答题时间视为一种乐趣和挑战。

如果说在沈诞琦的成长过程中，学习习惯的养成，教会她作为学生应有的责任感，那么阅读习惯的养成，则帮助她打开了一扇通往知识海洋的大门。

沈诞琦在念小学二年级时，有一次晚饭后，她硬是缠着妈妈给她讲故事，可妈妈又不是"故事大王"，哪来那么多故事啊？情急之下，妈妈记起先前看过的《新民晚报》上"蔷薇花下"板块有一则故事很有意思，于是便绘声绘色地给女儿讲了起来。

"这个阿姨的行为很不好。"沈诞琦听完之后,歪着小脑袋沉思起来,"妈妈,这故事是真的还是假的啊?""这都是发生在我们生活中的一些不和谐的现象。"妈妈拿起报纸,指着"蔷薇花下"板块的这篇文章对女儿说:"虽然妈妈没有亲眼看到,但是妈妈可以通过阅读报纸来了解啊。你现在是小学生了,与其听妈妈讲故事,还不如自己去看故事。"

"可是报纸上面有好多字我都不认识,怎么办?"

"你可以查字典。"

打那以后,沈诞琦每天晚饭后必做的一件事就是展开报纸,仔细地阅读"蔷薇花下"板块的文章。遇到不认识的字,她会搬出字典,耐心地查阅。

以后她贪婪地从书中汲取各种养料,不断丰富着自己的知识架构,她的思维和理解能力也在阅读的过程中不断得到提高和完善。

那一年,沈诞琦4岁,妈妈替她在少年宫的图画班报了名。谁知,才去了两次,沈诞琦便嚷着不想再去。见女儿态度坚决,妈妈差点儿就打了"退堂鼓",可转念一想,既然都报名了,怎么也得让她学完一学期吧,总不能就这样半途而废。于是,她对沈诞琦说:"好好画,妈妈准备为你开个家庭画展。"

果然,一个月之后,妈妈把女儿所有的画集中起来,镶在镜框里,像模像样地挂满了一屋子,还邀请亲戚和邻居来参观"画展"。听到大人们称赞她画得好时,沈诞琦心里别提有多高兴，还一个劲儿摇着妈妈的手说："我以后还要开画展，我一定会画得比现在更好。"类似的画展后来又在沈诞琦的家里陆续开过几次，每一次的进步都见证着她的成长。

妈妈说："许多孩子对读书缺乏兴趣，其实是因为没有体会到成功的乐趣，这好比沈诞琦学画，家长需多花些心思来激发孩子的兴趣，让她体验到成功的乐趣。"

大家看了沈诞琦的故事，一定会羡慕她能力的全面，不仅学习好而且知识广博；不仅自理能力强，而且兴趣广泛；不仅心理成长健康而且道德素质高，这才是 21 世纪的人才。

其实，只要从小注意培养自己各方面的能力，我们都可以像沈诞琦一样优秀。

◆ 结合兴趣学习技能不会觉得累

兴趣，是一个人充满活力的表现。生活本身就是赤橙黄绿青蓝紫多色调的。有兴趣爱好的人，生活才有七色阳光，才能感受到生命的珍贵可爱。

技能，是一个人立足社会之本。专业技能的掌握可以使青少年朋友更轻松地融入生活、适应生活、改善生活。掌握了过硬的专业技能，就相当于获得了通往优质生活的通行证。

将兴趣与技能结合在一起，结合兴趣学习技能可以保持持久的动力，不会觉得劳累。

人的兴趣千差万别。准确地了解和分析自己，做出正确的评估，然后，根据自己的兴趣，发挥优势，建立独具一格的技能架构，使自己的长处得到有效的发挥，这才是最根本的。因此，最佳技能架构必须因人而异，绝不能生搬硬套，削足适履。如果不了解自己的兴趣和特点，避己所长，扬己所短，就有可能事倍功半，白白地消磨掉许多年华岁月。

另外，对自己的学习工作要有一种出奇的迷劲。入迷能使人调动起全身的能量，全神贯注地研究和解决所遇到的问题，从而迸发出最大的智慧和才干，发掘出蕴藏在体内的全部潜能。日本著名教育家木村一说："所谓天才人物，指的就是强烈的兴趣和顽强的入迷。"人在从事自己所迷恋的事业时，往往会全力以赴，将需要、情感、动机、注意力、意志和智能等品质专注于一个目标，容易产生"聚焦"作用，常常再苦再累也心甘情愿，对成果的取得、专业素质的养就起着极大的推动作用。正如蒲松龄所说："性痴，则其志凝；故书痴者文必正，艺痴者技必良。世之落拓而无成者，皆自谓不痴也。"

有益健康的兴趣，能使人在潜移默化中享受生活的馈赠，接受文明的陶冶，培养良好的性格和坚强的意志力。

在整个人类文明史上，不少文坛俊杰、科学巨擘、商界行家、政坛精英，他们都有自己独特的、丰富的事业和生活的兴趣爱好。

他们既是执着创造的事业中人,又是富于生活情趣的性情中人。事业是他们的不朽生命,生活是他们纵横捭阖的广阔天地。他们在享受立业之欢愉的同时,又以自己斑斓多彩、瑰美奇绝的闲情雅趣,装点着生活的艺术,拓展着独特的才华。

许多文人、学者、画师钟情于大自然,他们或是拨动山水之韵,或是追寻绿之踪迹,或是醉赏风花雪月,或是独享月色的清幽。他们栉风沐雨,散怀山水,踏浪江海,遨游天下,贪婪地阅读着浩浩宇宙之书。大自然的神韵带给他们创造的灵感,助他们在事业的海洋中自由地游弋。不少名家在休闲时刻都有自己多姿多彩的爱好,他们或情系花香,或醉恋草木,或宠爱生灵,或迷于音乐,或欣赏艺术,或闲读诗书,或博藏珍玩,或强身养性……在五彩缤纷的生活中,享受人生之趣,使自己的事业、身心都得到和谐、均衡、健康的发展。

有了兴趣,一个人就会全身心地投入所学的专业技能或正在从事的工作中。我们都知道阿基米德对数学和物理学的兴趣已经达到了痴迷的程度,因此他的研究取得了辉煌的成就。

国王让人做了一顶纯金的王冠,但是他又怀疑工匠在自己的王冠中掺了银子。他想治工匠的罪,可是又拿不出证据,因为这顶王冠与当初交给工匠的金块一样重,谁也不知道工匠到底有没有捣鬼。

这个问题到底应该怎么解决呢?国王考虑了很久,也没有找到解决的办法,只好把这个棘手的难题交给了阿基米德,还要求他不能破坏王冠。怎么办呢？阿基米德冥思苦想，辗转难眠。他起初想到了很多方法，但都被否定了。

有一天，他去澡堂洗澡，就在他坐进澡盆的时候，一件很普通的事情发生了。水盆里的水因为很满，溢了出来，同时他还感到身体被轻轻托起。突然，阿基米德恍然大悟，跳出澡盆，连衣服也忘了穿，就向王宫直奔而去，一路大声喊着"尤里卡，尤里卡"！（这是希腊语，就是"我知道了"的意思）。原来，就在跨进澡盆的一瞬，他想到，如果王冠放入水中后，排出的水量大于同等重量的金子排出的水量，那这顶王冠肯定是被工匠掺了银子。最后的试验结果验证了阿基米德的设想。

那个工匠最终有没有被国王治罪已经并不重要了，重要的是我们从这个故事中看到了阿基米德对解决问题的投入。正是这种投入，使他成为一名伟大的学者，而这种投入，完全源于他对科学的浓厚兴趣。

有了兴趣，做什么事情都会感到身心愉悦、轻松愉快，哪怕像阿基米德一样攻克科学上的难题，也会觉得浑身充满能量，学习、工作都会有持久的动力。

年轻人在学习专业技能的过程中往往会感到枯燥、疲惫，那是因为对所学知识和技能没有足够的兴趣。如果能够发现所学知识的诱人闪光点，激发出兴趣，还会感到累吗？

◎ 投入百分百的热情

热情是一种精神特质，代表一种积极的精神力量，这种力量不是凝聚不变的，而是不稳定的。不同的人，热情程度与表达方式不一样；同一个人，在不同情况下，热情程度与表达方式也不一样。但总的来说，热情是人人具有的，善加利用，可以使之转化为巨大的能量。

当你内心充满热情时，你就会兴奋、精神振奋，也会鼓舞别人工作，这就是热情的感染力量。

在学习、工作中，要想与别人竞争，必须保持一股持久的热情，你的心中要有一座热情加油站。所谓热情加油站，就是在心理中枢系统经常不断地激发兴奋神经，把心理因素转化成热情。当然，不是让你榨干热情，而是疏通情感渠道去补充热情，从而起到加油站的作用。就像汽车没有加油站，汽车就跑不长远，热情不加油，正常的学习和工作也不能维持长久。只有当热情发自内心，又表现成为一种强大的精神力量时，才能征服自身与环境，创造出日新月异的成绩，使你在激烈的竞争中立于不败之地。

你如果已经工作了，就会知道，当你最初接触一项工作的时候，由于陌生而产生新奇，于是你千方百计地了解、熟悉这份工作，并干好这份工作，这是你主动探索事物秘密的心理在工作中的反应。而你一旦熟悉了工作性质和程序，日常习惯代替了新奇感，就会产生懈怠的心理和情绪，容易故步自封、不求进取。这种主观的心理变化表现出来，就是情绪的变化。

同样一份工作，同样由你来干，有热情和没有热情，效果是截然不同的。前者使你变得有活力，工作干得有声有色，创造出许多辉煌的业绩；而后者，使你变得懒散，对工作冷漠处之，当然就不会有什么发明创造，潜在能力也无法激发；你不关心别人，别人也不会关心你；你自己垂头丧气，别人自然对你丧失信心；你成为这个工作群体里可有可无的人，也就等于取消了自己继续从事这份职业的资格。可见，培养热情，是在竞争中取胜的关键因素之一。

现在，告诉你如何建立热情加油站，使你满怀热情地学习和工作。

首先，你要告诉自己，你正在做的事情正是你最喜欢的，然后高高兴兴地去做，使自己感到对现在的状态很满足。然后，要表现热情，告诉别人你的工作状况，让他们知道你为什么对这项工作感兴趣。

事实上，每个人都有理由充满热情，不论是学生、作家、教师、工程师、工人、服务员，只要自己认为从事的职业适合自己就应该是热爱的，热爱也就自然珍惜。再熟悉的课程，再简单的工作，都不可掉以轻心，不可没有热情。如果一时没有焕发出热情，那么就强迫自己采取一些行动，久而久之，你就会逐渐变得充满热情。

学习、工作需要热情，专业技能的掌握同样需要热情。生活缺少了热情，就像鲜花失去了雨露，会日渐枯萎；像鸟儿失去了天空，会日渐憔悴。有了热情，也就有了动力。有了打开成功大门的钥匙。青少年朋友，不要吝惜你的热情，将你的热情挥洒在学习与工作中，挥洒在你喜欢的专业科目中，相信终有一天你会做出一番成就。

学习要选用适合自己的方法

有许多年轻人常常抱怨："我读的书并不比××少，而且我回家还会继续学习到夜里11点才休息，可为什么我的收获没有他大呢？"实际上，如果你和他在其他方面的条件均相同或相近的话，那么只能说你没有找到适合自己的学习方法，以致花费了很多时间，收益却不大。选择了科学的、适合自己的学习方法，方能立竿见影、事半功倍。

许多成功者创造的方法，年轻人或可直接"拿来"，或可结合自己的实际，加以改进和创造。如数学家华罗庚将书由厚变薄看作阅读能力提高标志的"厚薄法"；理学家朱熹读书的心到、眼到、口到的"三到法"；儒学家子思"博学之，审问之，慎思之，明辨之，笃行之"的"五步法"；学者陈善的"既能钻得进去，又能跳得出来"的"出入法"；孔子"学而不思则罔，思而不学则殆"的"学思结合法"；孟子"尽信书不如无书"的独立思考法；韩愈的"提要钩立法"；俄国生理学家巴甫洛夫的"循序渐进法"；哲学家狄慈根的"重复法"；等等。

史学家陈垣谈读书时，提倡读几本烂熟于心的"拿手书"，好似建立了几块治学的"根据地"。他自己就有几本经常翻阅的"拿手书"，对这些书他都熟读，有的内容甚至能背下来。

作家秦牧提倡读书将"牛嚼"和"鲸吞"结合起来，即每天吞食几万字的文章、书籍，再像牛那样"反刍"，反复多次、细嚼慢咽。王汶石创造了对代表作要三遍读的读书法。即第一遍通读，尽享作品之美，让自己沉醉其间；第二遍是"大拆卸"，仔细考查每一部分的特色、优劣及写作技巧；第三遍又是通读，获得对写作技巧的完整印象。

著名学者朱光潜实践的边读书边写作法；夏丏尊认为"由精读一篇向四面八方发展"的读书法；李平心的随时"聚宝"，勤做研究的方法，都是一种创造。

大凡成功者读书的方式都与众不同，青少年朋友可以学习一些他们积累知识的方法。

第一种："善诵精通"。

郑板桥不但是"康熙秀才、雍正举人、乾隆进士"，还是中国清代著名画派"扬州八怪"的领袖人物。

郑板桥有"三绝""三真"。"三绝"分别是画、诗、书；

"三真"分别是真气、真意、真趣。

郑板桥在读书的学以致用中总结出了"善诵精通"的读书方法，他认为读书必须有方法，必须记诵。他曾这样描述过自己读书时的情景："人咸谓板桥读书善记，不知非善记，乃善诵耳。板桥每读一书必千百遍，舟中、马上、被底，或当食忘匕箸，或对客不听其语，并非自忘其所语，皆记书默诵也。"

郑板桥不仅主张善诵，还推崇"学贵专一"，即读书不能泛泛而读、毫无目的，而应该有选择、有针对性。

因此，青少年朋友可以从郑板桥的读书方法中得出一条宝贵经验：在记诵时讲究"善"与"精"两个字。

第二种：追本求源。

著名的作家、学者钱钟书先生也是一位爱书之人，他从小就酷爱读书，被世人称为"书痴"。

钱钟书的读书方法是"追本求源"。"追本求源"就是在读书时发现问题后，与多种读物相联系，经过详细的分析、比较、求证之后，求得一个能解决问题的读书方法。

下面的这个例子向我们展示了钱先生是怎样"追求本源"的。

清代袁枚在《随园诗话》里曾批评毛奇龄错评了苏轼的诗句。

苏轼在诗中说："春江水暖鸭先知。"而毛奇龄评道："定该鸭先知，难道鹅不知道吗？"

袁枚对此事觉得既好气又好笑，认为如果要照毛奇龄的看法,那么《诗经》里的"关关雎鸠,在河之洲"也是一个错误了,难道只有雎鸠,没有斑鸠吗?

袁枚与毛奇龄的这场笔墨官司,到底谁是谁非,钱钟书并没有草草了事,他要追本求源。

钱钟书经查阅《西河诗话》,得知毛奇龄的意思是:苏轼诗句是模仿唐诗"花间觅路鸟先知"而得来。

原来,人在花间觅路,自然鸟比人先知,而动物均可感觉到冷暖,苏轼为何只说"鸭先知",而不说"鹅先知"呢?那当然是个错误。

但钱钟书仍不罢休。他又找来了苏轼的原诗《惠崇春江晚景》,诗中写道:"竹外桃花三两枝,春江水暖鸭先知。"

原来苏轼的这首诗是为一幅画而作的,由于画面上有桃花、春江、竹子、鸭子,所以,苏轼在诗中写道"鸭先知"。看来苏轼并没有错,而是毛奇龄错了。

为进一步弄清事实,钱钟书又找出了张渭的原作《春园家宴》,诗中写道:"竹里登楼人不见,花间觅路鸟先知。"人在花园里寻路,不如鸟对路熟悉,这是写实。而苏轼在诗中说"鸭先知",是写意,意在赞美春光,这是画面意境的升华,是诗人的独特感受,看来苏轼"鸭先知"之句无论从立意或是内涵来说都要比张渭之句高出一筹。

也许你可以从上面所说的方法中找到一个最适合自己的,但更多的时候你会发现生搬硬套别人的学习方法到自己这里是行不通的。这时，你就要对这些方法做适当调整、修改，使之更适合自己，为自己服务。

有目标有计划地积累知识

你是否曾立志做一个无所不知的通才？其实，不同的社会有着不同的需求，对人才的知识结构要求也不尽相同。善于根据社会需求随时调整自己的人，才会常胜不败。

大家都喜爱福尔摩斯吧。他是英国作家柯南道尔笔下的著名侦探。他勇敢机警，具有高超的侦探、分析、推理、判断才能。他瞟一眼某个人，就可以猜出其大致经历；关于烟灰，他能够辨识140多种；对各种不同职业人的手形他极为熟悉；就是凭裤腿上的几片泥点，也可判断罪犯作案的行迹……

福尔摩斯侦探故事对人的启发之大，就连爱因斯坦在写《物理学的进化》一书时，也忍不住用了它来做全书的开头。他从福尔摩斯的侦破过程，说到科学家寻找自然奥秘的一般方法。

读过《血字的研究》及其衍生作品的人都想知道福尔摩斯为什么能够在错综复杂的疑案中独具慧眼出奇制胜，他究竟掌握了一些什么知识。柯南道尔在《血字的研究》一文中给我们列出了一张有意思的简表：

夏洛克·福尔摩斯的学识范围：

（1）文学知识——无。

（2）哲学知识——无。

（3）天文学知识——无。

（4）政治学知识——浅薄。

（5）植物学知识——不全面，但对于莨蓿剂和鸦片却知之甚详。对毒剂有一般的了解，而对于实用园艺却一无所知。

（6）地质学知识——偏于实用，但也有限。但他一眼就能分辨出不同的土质。他在散步回来后，曾根据溅在裤子上的泥点的颜色和坚实程度推断出是在伦敦什么地方溅上的。

（7）化学知识——精深。

（8）解剖学知识——准确，但不系统。

（9）惊险文学——很广博，他似乎对1个世纪中发生的一切恐怖事件都深知底细。

（10）小提琴拉得很好。

（11）善使棍棒，也精于刀剑拳术。

（12）关于英国法律方面，他具有充分实用的知识。

可见，每个人都应有自己的知识结构系统，以实际需要为准。年轻人在建立知识结构时应把握以下原则：

（1）合理。客观事物具有普遍联系，遵循这一原则建立知识结构，能将学到的知识迁移，增进理性记忆和应用，触类旁通、举一反三、思路畅通、有所创见。一个人的知识应由具有相关性和规律性的知识组成。这些系统内容上有必然联系的

"思维组合体",是相对安全的。你得对一些已有的知识系统有针对性地加强学习,并在完善知识结构上花一些精力。

(2)随时调整。不同的人在知识结构上也存在差异,而一个人在不同的发展阶段又有不同的知识结构。人们应该针对自己的兴趣和目标自动地、随时地调节知识结构,这是知识结构的动态性特征要求的。

(3)动态。在充实自己的时候,各类知识都应有所发展,不应有所偏废。据统计,人类知识的总量,每隔5~7年便会翻一番,即知识的总体结构始终处于动态的发展之中。与此相对应,个人的知识结构也处于动态发展中的。

(4)简约。如果知识结构不简约,必定使大脑负担过重,从而妨碍独立思考,不利于创造。大多数科学家都相信,自然界的基本原理是屈指可数的,有效的知识结构应是极简约的,而不是庞杂的。华罗庚说:"书要越读越薄。"把书真正读懂了,形成了知识结构,那便简约了。但是简约不代表贫乏,而是"精粹中的简约,简约中的精粹"。

(5)实践。实践不仅是获取知识的一条途径,同时也是一条原则。知识只有与实践相结合,才能发挥出它的效力。

在实际行动中,年轻人应做到以下几点:

(1)学会取舍。有句名言:"什么都想知道,结果什么也不知道。"对于自己所接触的知识,要善于鉴别其真正的价值,以便决定取舍。在信息爆炸、知识更新速度不断提高的今天,这一问题显得尤为重要。收集的资料要经得住时间的考验,要力求在相当长的时间内对自己的工作有所裨益,而不至于在短时期内失去其作为资料存在的意义。

(2)去粗取精。任何名著、佳作都不可能字字闪金光,句句皆良言。一般都会既有其独到的见解,也有失之偏颇之处,有些甚至是良莠混杂。积累知识必须善于分析,去粗取精,去伪存真,要善于沙里淘金,撷取闪光的思想、观点和方法,为我所用。

(3)及时摘录。一位著名学者曾告诫青年,发现有价值的资料要有如获至宝的感觉,马上摘录下来。读书看报,随时都可能碰到有用的资料。这时,就要立即做成卡片。有些零星的、散见在报纸杂志上的资料,如果不及时收集,往往如过眼烟云,稍纵即逝。重新查找不仅费时间,而且有的资料往往一时很难再找到。利用卡片、笔记等方式积累知识,是为了帮助记忆。

(4)广泛占有。马克思为了研究政治经济学,阅读了1500多种书籍,甚至连关于农业化学、实用工艺学之类的书都阅读过。对资料的统筹兼顾,实际上也是在培养自己的综合能力和预见性。

研究某一具体问题,必须尽可能多地收集涉及这一问题的资料。只有在大量资料的基础上进行归纳分类、分析、综合,才能有所发现,有所创见。

(5)注意求新。积累知识要尽可能反映最新动态,增加最新的信息。在一定时期内,针对某一问题的研究,不仅要收集前人对这一问题的看法和观点，了解他们探索的足迹，同时更要注意收集同时代人的研究成果，特别是目前研究的进展情况。这就要求我们不仅要在大部头著作上搜寻，更要注意经常阅读各种期刊、评论及文摘。

◆ 在工作中学习，一步步靠近成功

大专毕业后的小林应聘到北京一家中药养生机构工作，他在大学学的是金融专业，和养生一点关系都没有，就是心里喜欢。踏上工作岗位以后，他跟着师傅认真地学习，师傅帮顾客推拿，他就认真地默记推拿手法；休息的时候，他就用心背诵人体的穴位图；有时候师傅忙不过来时，他也会先给顾客做做放松，这时他也不忘询问顾客自己的手法怎么样。努力好学的他，不仅深受师傅的喜欢，进步也是神速。1年以后，小林已经能够自己接待顾客了，因此，也成了同时进入公司中最早正式上岗的一个。

毫无医学知识的小林，凭借一腔热情在工作中刻苦学习、认真钻研，慢慢变成了行家。工作岗位就是一个学习的平台，在工作中学习，就能一步步靠近成功。

社会上许多知名企业家、优秀职场精英，他们也许没有上过大学，却做出了非凡的贡献，甚至取得了超出常人的成就。

原因就在于他们在工作中不断发现问题、解决问题，进而取得进步。对他们来说，工作岗位就是大学，岗位正是自己获得不断进步和提高的支点。对于现代大学毕业的学生来说，岗位同样是另一所大学。因为在学校学习的多为理论性知识，缺乏实践的指导性，参加了工作才知道一切还需从零开始。美国戴尔公司创始人、董事会主席兼首席执行官麦克·戴尔曾经说过："无论我在企业处于什么位置，无论我自己身处何处，我都对自己说：你是永远的学生。"

上海宝钢集团的工人发明家孔利明，一个立足本职工作、把岗位当作大学的员工。他凭借不断学习和钻研的精神，为宝钢解决了各类设备的疑难杂症340个，创造经济效益1400余万元，拥有专利53项，连续4年摘取中国专利新技术、新产品博览会金奖，被评为全国劳动模范、全国十大杰出职工、全国十大自学成才标兵。

现代科技越来越发达，工作设备越来越先进，不会使用电脑显然已经落后了。为此孔利明在工作期间，先拜儿子为师，从基本的打字开始。为了掌握电脑软件、硬件的设置、调试和修理，他干脆买了一台电脑开始"研究"，拆了装，装了拆，直到弄明白为止，现在电脑已经成了他必备的工具。

在孔利明的车间里，并排放着24个大文件柜，里面分门别类地排满了各种电气、机械的书籍、文件。他还把客厅改为实验室，在自己的家里进行技术创新实验。孔利明利用业余时间完成了电气自动化的大专学业，又继续攻读了本科。他还常常去宝钢的教育培训中心取经……

孔利明没能进入高等学府，实现继续深造的梦想，但是他立足本职，同样走出了一条成功之路。

其实，在工作中学习是很好的进步方法。在实践中带着问题学习，不仅能够解决问题，还能够弄清产生问题的原因。这样，久而久之便会得到很大的提升。公司是员工实现人生目标的舞台，立足岗位，学会在岗位上学习，努力地提升自己，让自己在工作岗位上大放异彩。

工作岗位是最好的学习平台。每个人都要学会在学中干、干中学，时时刻刻做一个有心人，做一个善于学习的人。只要立足本职，努力学习，不断充实自我，提升自我，就能实现个人的人生价值。

好的阅读与写作能力让你如虎添翼

"工欲善其事，必先利其器。"职场人士都非常注重提升自己有形、无形的能力，以使事业长足发展。谈起工作能力，我们往往会列举出很多，诸如人际交往能力、组织管理能力、计算机运用能力等。常常会把阅读、写作这些基本功忽略，似乎这些能力都不值得一提了。岂不知，真正优秀的阅读、写作能力并非轻而易举就能具备。好的阅读、写作能力看似简单、平常，却能够让我们的专业如虎添翼、锦上添花。

刘冰是一个善于学习的人。他就职于一家会展公司的策划部门，他的策划方案主题鲜明、新颖独特，富有时代感，经常会被公司采纳。他的才华和工作能力颇受领导的赏识，工作两年后他就升为部门的项目主管。他之所以升迁如此之快，就在于善于通过阅读、写作的方式学习新东西。每次遇到会展举办的时候，其他的同事都是完成自己分内的工作就万事大吉，而他在完成自己工作后，总是把其他会展公司的宣传单页、会展材料收集起来，然后把这些材料分门别类地整理好，并且经常对别家公司的创意进行点评，他对国外的会展策划的前沿设计也非常感兴趣。时间长了，他的办公室抽屉里，井井有条地整理出了几大本材料，仅他整理的密密麻麻的资料就有很多页。

刘冰的阅读、写作习惯让他在自己的专业上不断学习先进的技术和方法，不断总结完善自己。他的方式是值得大家效仿的。要知道，在当今社会，离开大学校园，并不意味着学习就结束了。只要留心，处处都有值得我们学习的地方。在繁忙的工作中，也要积极思考通过何种方式来学习。阅读、写作就是一种非常好的学习方法。

阅读、写作的内容可以是关于自己的专业建设，也可以是自己的人生感悟。其实，重要的不是形式本身，而是我们的思维方式。

李菲供职于一家大型民营企业，主要负责产品的销售工作。部门规定每个员工在每个月都超过一定额度业绩，才能发放奖金。同事们为了完成业绩，每天都会想方设法来推销产品，吃闭门羹、遭受白眼，甚至被别人赶出来是常有的事情，因此销售部门的员工大多数都是一副眉头紧锁、苦大仇深的模样。而李菲的销售业绩一直名列前茅，即使偶有下滑，她也不会气馁，看起来依然精神饱满、神清气爽。大家纷纷向她询问秘诀，李菲说自己的秘诀就是每天坚持做两件事：一件是每天记日记，记下自己的销售情况，也写下自己的心得；另一件就是睡前读一些人生哲理之类的书。

李菲的成功不能说没有好的阅读与写作能力的功劳。她通过记录自己的销售情况与心得，让自己不再犯以前犯过的的销售错误，找到更好的办法来推销。同时通过阅读人生哲理之类的书，让自己的心境平静，坦然面对各种挫折。

阅读、写作都需要细品慢嚼、精雕细琢，需要充分调动我们的思考力。当我们全身心投入的时候，很容易就会忘掉不快和烦恼，使我们心境平和、宁静，带给我们精神世界的愉悦和升华，是其他方式难以企及的人生境界。

当然，很多人工作一天后，往往会觉得筋疲力尽，阅读、写作都认为是额外的负担。确实，二者虽然增加了生活、工作的负担，但是会净化我们的心灵、增添我们生活的动力。如果不阅读、不写作，或者是应付地阅读、写作，那么我们对事物的分析、洞察能力，就会不可避免地走向衰弱。浮光掠影、敷衍了事的阅读、写作也只是过眼烟云。

写作、阅读都是一个厚积薄发的过程，需要经过长期地积累、不断地磨炼才能有所成就。积累越深厚，功底才能越深厚。其实，这本身就是一个磨炼意志、提升自我的过程。我们如果想要提高自己这方面的能力，就一定要坚持下去！

做到学以致用，学习才有意义

蜜蜂采花粉是为了酿蜜，燕子衔泥是为了筑巢，人学习知识是为了运用知识。如果一个人读书万卷，却不懂得如何运用，那么这些知识也就等于是死的知识。死的知识不能解决实际问题，那学了又有何用？所以，不仅要懂得学习，还要懂得学以致用，唯有如此，才能使知识更富有意义。

我们应结合所学的知识，参与学以致用的活动，提高自己运用知识的能力，使学习的过程转变为提高能力、增长见识、创造价值的过程。我们还应加强知识的学习和能力的培养，使知识与能力能够相得益彰、相互促进，发挥出巨大的潜力和作用。

曾有这样一个事例，是近代化学家、兵工学家、翻译家徐寿与华蘅芳研制"黄鹄"号的事情，历来被作为学习致用的范例。徐寿在做这项工作时采取了十分慎重的循序渐进的科学态度。他首先试制了一个船用汽机模型,成功后又试制了一艘小型木质轮船。在此基础上,为精益求精,继续进行研究改进,最后成功制造了我国造船史上的第一艘实用型蒸汽轮船。取得了成熟的经验后,徐寿又主持研制了"惠吉""操江""测海""澄庆""驭远"等多艘轮船,为我国近代早期的造船业做出了巨大贡献。

然而,现实生活中很多人只是死读书、读死书,这样很容易产生一个结果,那就是完全地将书本中的知识应用到理论与实际当中去,从而受到一些条条框框的束缚,因此很难有所创新。

如《三国演义》里的马谡,他自称"自幼熟读兵书,颇知兵法",但在街亭之战中,只背得"凭高视下,势如破竹""置之死地而后生"几句教条,而不听王平的再三相劝以及诸葛亮的叮咛告诫,将军营安扎在一个前无屏蔽、后无退路的山头之上,最后落得兵败失利、狼狈而逃、身首异处的下场。

所以,想获得成长就一定要学以致用,否则生搬硬套书本上的知识,必然会给你所从事的事业带来损失。

19世纪末,制造飞机的热潮在世界范围内一浪高过一浪。但一些知识丰富的大科学家却纷纷表态,发表自己的看法和见解,抵制飞机的制造。比如,法国著名天文学家勒让认为,要制造一种比空气重的机械装置到天上去飞行是根本不可能的;德国大发明家西门子也发表了相似的见解;能量守恒定律的发现者、著名的物理学家赫尔姆霍茨又从物理学的角度,论证了机械装置是不可能飞上天的；美国天文学家做了大量计算，证明飞机根本不可能离开地面。但是，令人想不到的是，1903年，连大学校门都没进过的美国人莱特兄弟凭着勇于创新的精神，将飞机送上了天，为人类做出了巨大贡献。

上述事例充分说明了"尽信书，不如无书"的道理。会学，更要会用。学习到的知识只有有效地运用到生活和实践中去，才会发挥其效用，否则就是一些死的、没有用的东西。

德国教育家第斯泰维克说："学问不在拥有多少知识，而在于充分地理解和熟练地运用你所知道的一切。"所以，在日常生活和工作中，我们应该把在学校里、在社会上所学到的知识都淋漓尽致地发挥出来。

想要做到学以致用，其实并不困难，可以从以下几个方面着手：

首先，将你的学习内容与目前和今后的生活、工作加以对比，以便清楚自己需要学习什么知识才能提高能力，学习什么知识才有利于全面发展。

其次，对于已经学习过的知识，可以在实际操作中加以验证。比如，学了物理电学后，可以去安装电灯、安装或维修半导体或电子管收音机；依据压力的定义，通过实际操作去测定某一重物对支持物所产生的压力；等等。

最后，把所学到的知识应用到社会实践中，综合地利用各门学科的知识。例如，学过化学后，参加化工厂的实际操作；

或者运用物理学的力学原理去进行某种工具的改革；等等。

只有做到学习致用，学习才有意义，才能做到真正的成长。

◆ 优秀的学习计划是提高个人能力的蓝图

做任何事情要想取得成功，必须在行动前制订一个详尽的计划，学习也不例外。学习计划是提升个人能力的蓝图，制订良好的学习计划，可以帮助我们有效地提高学习的效率以及自身能力。

哈佛大学教授斯坦利·霍夫曼说："不管如何，要想提高学习的效率，不可或缺的是要制订详细的学习计划。"这话对于在学习中爱拖拉、爱空想的人来说，显然很有帮助。

在学习的过程中，我们时常看到一些同学东走走西逛逛，左看看右翻翻，好像没什么事可做。这实际上是一种没有明确目标、随遇而安的学习态度，很大程度上是由于没有为自己制订一个详细的学习计划造成的。

计划性强的人，什么时间做什么事是非常有规律的，他们做完一件事后就会立刻去做另一件事，从来不会有无所事事、毫无目标的情况出现。他们对时间也安排得十分紧，轻易不会把大好时光白白浪费掉。

详细的学习计划会使各项学习活动目标明确，在你努力争取自己的学习按计划进行时，有时也会出现一些意外的情况，从而影响计划的进行，如最近工作骤增、有一个比较困难需要花费大量时间的项目等，这些往往都会打乱我们的学习计划。

遇到这些情况，大家千万不能急躁，或者仍然死板地按计划进行，而是要及时调整自己的学习计划，增强计划的可行性，以适应随时变化的学习情况。有时在计划实施的过程中会遇到困难，这时就需要你用坚强的意志努力克服，排除诱惑。在实施计划时，每克服一个困难，完成一项任务，你就会在享受胜利喜悦的同时，增强克服学习中困难的信心和勇气。

下面是制订学习计划时应注意的一些问题：

（1）计划要全面。计划里除了有学习的时间外，还应当有为集体服务的时间；有保证睡眠的时间；娱乐活动的时间。计划里不能只有三件事：吃饭、睡觉和学习。

（2）长计划和短安排。在一个比较长的时间内，究竟干些什么，应当有个大致计划。例如，一个学期、一个学年应该有个长计划。有长计划，还要有短安排，否则长计划要实现的目标不容易达到。

（3）突出重点，兼顾一般。所谓重点：一是指自己学习中的弱科，二是指知识体系中的重点内容。制订计划时，一定要集中时间、集中精力来攻下重点。

（4）不要脱离学习的实际。有些同学制订计划时满腔热情，想得很好，可行动起来寸步难行，这是目标定得过高，脱离实际的缘故。

（5）不要太满、太死、太紧。要留出时间，使计划有一定的机动性，这样完成计划的可能性就增加了。

（6）脑力活动与体力活动结合。在制订计划时，不要长时间地从事单一活动，学习和体育活动要交替安排。比如：学习了一下午，就应当去锻炼一会儿，再回来学习。锻炼时运动中枢兴奋，而其他区域的脑细胞就得到了休息。

如果你长期按计划学习和生活，按时起床，按时睡觉，该学习时就集中精力学习，该锻炼身体时就锻炼身体。这样会使学习生活很有规律，你也能逐渐养成良好的学习习惯。这种良好的学习习惯可大大提高学习效率和学习质量，增强自身的能力。

◇ 有效的学习方法为提升自我锦上添花

做什么事情都有方法，而有效的、适合自己的学习方法能使学习效果事半功倍。学习的方法有多种，可以归结为以下几个方面：

1. 兴趣法

"好知之不如乐知之"，当我们越喜欢某一事物时就越喜欢接近和接纳它。

兴趣是人们行动的一种动力。只要对某些知识产生了兴趣，就会主动去理解、记忆、消化这些知识,并会在这些知识的基础上总结、归纳、推广、运用,从而做到精益求精、推陈出新,推动整个社会向前发展。

因此,我们在学习某一知识之前,首先要建立对它的兴趣,以便掌握它。

2. 理解法

人都有对事物进行判断的能力,对某一事物或某一知识有认识,就会很容易地把它变成自己的知识,否则就需要花费很大的额外功夫。

比如说"井底之蛙"这一成语,我们可以想象一只健康的青蛙坐在一口深井里,眼睛直瞪瞪地望着井口,而井口外面,则是白云、蓝天,井底则有青草、水、昆虫。虽然这只青蛙本身健康,不愁吃喝,然而它却呆呆的,为自己见不到外面的大好风景而发愁。这样一理解,"井底之蛙"的含义就非常清晰了。

3. 联系法

自然界中的一切事物都不是孤立的,而是普遍联系的,正如自然界的食物链一样——兔吃草,而兔又被鹰或狼吃,狼又被虎吃,而鹰和虎死后,其尸体腐败变质,供草吸收其营养成分。在这几种动植物之间,就形成了一个食物链,它们构成了互相联系的一个整体。如果草绝,则兔就会亡。反之,如果兔多,则草就会被大量食用。当草被过多食用时,兔就免不了缺少食物而亡。

知识，正是人类在长期改造自然的过程中发现的，因此，各种知识之间也是相互联系的。当我们对某一事物缺乏了解和认识时，就可以从与其有联系的事物中来认识它。

4. 联想法

人类区别于其他动物的根本，就在于人有思维。有了思维，人在客观的自然和社会面前就不会无可奈何了，而是能够积极地促成条件，来解决问题。联想正是人类充分发展的一种象征。

在我们的学习中，联想能使我们更好地掌握知识。历史课本中的数字枯燥乏味，但是，有些事件是和这些数字紧密联系的。因此记数字就可以与这些历史事件联系起来记，这样既避免了数字之间的相互干扰，同时也增加了学习的趣味性，起到了双重效果。

5. 对比法

在学习中，当两个概念或事物的含义相似的时候，我们往往容易搞混淆，而在这个时候，运用对比法就能够搞清楚两者之间的区别。

也就是说，比较两者之间不同的地方，而这些不同的地方，正是某一事物的独特特征。理解了这些独特特征，也就抓住了这一事物的本质，从而掌握了这一事物的有关知识。

6. 复习法

人的大脑对知识的识记是有一定规律的，教育学家曾用遗忘曲线做了一个形象的说明，指出如果在知识遗忘之前去复习、巩固它，能迅速恢复并牢固记忆这些知识。孔子所说的"温故而知新"，也是这个道理。

比起成功，每天都在提升自我其实更重要。根据自身的实际情况，选择最适合自己的学习方法，能更快地增强自身能力，稳定地成长。

向成功的人学习成功的方法

我们渴求成功的愿望是很迫切的，我们认为有热情和决心就没有办不成的事。但是事实证明，仅有追求成功的决心和热情是不够的。现在是一个讲究时间和效益的时代，尽管我们年轻，拥有大量的时间，但也不能花10年、20年，甚至穷尽一生去慢慢摸索成功之道，那毕竟不是最好的方法。成功虽然没有捷径，但是有方法，我们可以学习他人已经证明的有效经验、成功模式和科学方法。

希尔顿是一名旅馆业商人。当他的事业进入轨道，并赚到相当多的利润时，他自豪地告诉母亲。母亲却不以为然，而且还提出了新的要求："你现在与以前根本没有什么两样，要想办法使来希尔顿旅馆的人住过了还想再住，你要想出一种简单、容易、不花本钱而又行之久远的办法来吸引顾客。这样你的旅馆才有前途。"

"简单、容易、不花本钱而又行之久远",具备这四个条件的办法究竟是什么呢?希尔顿为此冥思苦想了好久,仍然不得其解。

后来他向那些成功的商场、旅店老板咨询这个问题,寻求答案。他们给出的一致意见是学会微笑,这就是那个简单、容易、不花本钱而行之久远的服务方式。

他对服务员常说的一句话就是:"今天,你对顾客微笑了吗?"他要求每个员工不论多辛苦,都不能将自己心里的情绪挂在脸上。就这样,在经济大萧条中,无论旅馆业遭受到什么样的困难,希尔顿旅馆服务员脸上的微笑始终如一,永远是旅客的阳光。结果,经济萧条刚过,希尔顿旅馆就率先进入新的繁荣时期,跨进了黄金时代。

由此可见,已经被证明了的成功方法是很有效的。那么,有很多人会问已经证明有效的成功方法在哪里?答案就是在成功人士那里。因此,向成功的人学习成功的方法,可以说是追求成功的捷径。

因为,向成功的人学习成功的方法,可以肯定这个方法是经过实践检验的,行得通、可操作。另外,向成功的人学习成功的方法,必然要直接或间接与成功者为伍,会受他们的世界观、思维方法的影响而积极上进。

美国有一个机构经调查后认为,一个人失败的原因,90%是他周边亲友、伙伴、同事、熟人都是些失败和消极的人。所谓"近朱者赤,近墨者黑",没有正确的方法指导,没有积极的思想引导，走向失败是在所难免的。因此，向成功的人学习成功的方法，不仅能成功，还能早日成功。

在向成功人士学习的时候，我们会受他们身上散发出的闪光点的影响，迅速提升自我，在他们成功方法的指导下，提高我们做事的效率，从而在成功的道路上迅速前进。

所谓成功者成功的方法，一定是他们穷数年之功，历经无数次失败所总结的经验。我们不必循着他们的足迹走他们的老路，而是学习、借鉴他们的经验和原则。做成功者所做的事情，了解成功者的思维模式，并运用到自己身上。

任何一位成功者，之所以在某一方面高人一筹、出类拔萃，必定有其与众不同的方法。只要科学地学习他的做法，就有可能获得和他相似的成就。

◆ 注重学习能力的培养

在知识经济条件下，拥有现代知识是成功的关键，要搞现代化的事业，要办现代化的工农业，要进行现代化的经营管理，舍此皆为妄谈。在人的一生中拥有良好的学习能力是十分重要的。这种学习能力，在新的形势下，具体应包括以下几个方面：

（1）熟练地使用多种工具书的能力；

（2）阅读学术书籍和科技刊物的能力；

（3）查找文献资料的能力；

（4）检索数据库的能力；

（5）在互联网上查阅信息的能力。

为此，应做到以下几点：

一、老师是个拐杖

对待拐杖的正确态度是，开始时要利用它，又要尽快适时地丢掉它。我们向老师学习，目的是超越他，为了争取个人学习的主动权，为了"青出于蓝而胜于蓝"。在接受教育的过程中，必须在心理上摆脱对老师的长期依赖，把自学精神、自主意识贯穿到学习过程中去，保持学习的主动性，尽可能尝试着将学习进程安排在老师讲解和传授之前。

二、要扎实掌握基础知识

素质教育不是"应试教育"，也不是对基础知识的排斥和抵制；相反，不练好一定的基本功，就难有"真功夫"，就达不到提高学习能力的预期目标。处在接受义务教育阶段的青少年，绝不可浮躁冒进，急功近利，心存幻想；对业已步入社会而基础知识不牢固的人而言，趁早尽快"充电"才是上策。

三、多思考，多动笔，多总结

要巩固学习的成果，总结学习所得，尤其要了解某些学习方法对自己是否有效，就必须多动笔，及时修正学习方法，碰撞和载录自己的思维火花与灵感，感受进步的喜悦，从而训练和提高自己的分析能力、应用能力和思维能力，并进一步激发自己的学习热情。

四、尽可能尝试着去做

别人能做的，你也能做。改变那种把脑袋视为统计数据和堆砌知识的仓库的观念，将大脑用于思维和创新，用于储存"怎么做"的方法论。知识经济时代更重要的是知识的应用，要大胆地尝试着独立构思、独立应用工具书、独立收集资料，甚至独立设计、独立制作，久而久之，我们在工作上就轻车熟路、游刃有余了。

五、要掌握学习的基本技能

现时代的学习，绝不仅仅是过去的"听听写写"，也绝不仅仅是翻翻书本、看看报纸、听听老师的讲授。信息技术的发展，网络化进程的加快，为学习开辟了广阔的天地，但对学习的技能也提出了更高、更现代的要求。比如不懂操作电脑，就谈不上到互联网上查阅信息，获取新知识，就谈不上去网上大学随时随地接受教育。

畅销书《学习的革命》也在告诫世人："每个人必须通晓电脑。不要等待政府的行动，不要等待将来用语音控制电脑信息处理器。从学习在文字处理机上进行触摸式打字开始，尽量将电脑工业与你正在学习的其他一切结合起来，并由此开始积累你的知识。"

一定要注重自身学习能力的培养，有了良好的学习能力，才能更快更有效地掌握更多的知识。

···第五章
深度工作不瞎忙，高效解决职场问题

◈ 带着思考去工作

杨春民是网通广州分公司支撑共享中心的主任,他被誉为网通里的"思考者",那是因为他无时无刻不在思考怎样更好地开展工作,如何提高工作效率。

支撑中心每个月都有一项任务,即将该月出账的用户收入拆分到各营销中心。过去,这项工作是工作人员使用Excel表格来处理,通常需要花费好几天时间,还经常出错,影响到对各营销中心的考核。

杨春民又开始思考了:工作需要时时抬头看看我们走的路有没有错,是否还有其他路,可以更省力更快捷。那么,现在能不能找到一个"数学公式",将这些资料统一处理,提高效率呢?

他想到了数据库,利用数据库可以对众多繁杂的数字进行统一管理,并且查找方便、不易出错。于是,杨春民利用午休时间编制程序,协助收入拆分和佣金结算,利用数据库将所有用户的收入及其归属进行归档。账务组在该程序的辅助下,提前3天准确完成各营销中心的收入拆分,大大提高了工作效率,并保证了公司经营分析数据的准确性和及时性。深圳分公司的CPN(用户驻地网)计费出账和结算在他开发的程序的帮助下,出账时间由原来的 3 天缩短到 1 天，结算时间由原来的 5 天缩短到 2 天。

　　思考是人类独有的能力。我们有思维意识，有认识和发现的能力，还有反应和构思的能力。我们通过思考、感悟和探寻获取知识的能力构成和决定着工作的结果。杨春民就是用自己的思考来创造出高效率的工作的。

　　在广告行业有这样一句话："只要能够想到，就能够做到。"在各行各业中，不管是创新者还是追求其他方面成功的人，这个道理都同样适用。

　　工作中疏于思考的直接后果就是工作方式变得单一、呆板，如果工作中总是安于现状，不求创新，不求突破，怎么能在忙碌的工作中获得成效呢？

　　在企业中，一些员工的工作方法越来越雷同，毫无创意可言。造成这种现象的原因有很多，不爱思考绝对是主要的。为什么不爱思考呢？恐怕是缺乏思考的动力与压力。不思考，照葫芦画瓢自然最省时省力，既然有现成的办法，照着做就可以，而且这样最保险，谁还去找麻烦？对上有交代，对下有说法，同事之间也好看，谁还愿意动脑思考呢？

　　从某种程度来讲，工作就是一个思考的过程；工作取得进步，就是一个思考深入的过程。思考得多了，想到的方法自然就多了。当一个猎人打了一只兔子时，他就会想办法去猎一只鹿；当他猎到一只鹿时，他就会想办法去打一只熊。只有这样不断地思考，不断地寻找更好更有效的办法，才能成为一名优秀的猎人。工作何尝不是如此呢？

一名优秀的员工，愿意观察、控制和改变自己的思想，同时仔细探求自己的思想对自己、同事、工作与环境的影响和作用，通过耐心的实践和调查将因与果联系起来，利用自己的每一次即使是微不足道的经历和日常发生的琐事，以此开始思考，作为一种获取知识的途径。俗话说："只有努力寻找的人才能找到大门，大门只会对敲门的人敞开。"因为只有通过耐心、实践和无止境的思考，让主动思考为你的工作保驾护航，你才能在职场中做得更好。

公司所渴求的不只是一个具有专业知识的、埋头苦干的人，更需要的是积极主动、充满热情、灵活思考的智能型员工。一个合格的员工不是被动地等待别人告诉他应该做什么，而是主动去了解和思考自己要做什么以及怎么做，并且认真地规划它们，然后全力以赴地去完成。

在工作中，认真地思考遇到的每一个问题的解决方法是必须要做的事。有意识地多想一想自己的决定是否能够经受住考验，自己的计划是否全面周详，这样能够避免很多自以为是的错误，顺利圆满地完成每一项任务，并得到老板的赏识。

在你积极主动而又充满热情地工作时，还要考虑的一个要素就是，要用老板的头脑来对待工作。即使你只是一名普通职员，也应该像老板一样考虑事情。例如，公司怎样运作才更合理，怎样能够使员工心情舒畅地工作等。这样，你将变得更加主动，会产生"未来由自己掌握"的感觉。

◎ 弄清楚目标再去做

一队毛毛虫在树上排成长长的队伍前进，有一条带头，其余的依次跟着，食物就在枝头，一旦带头的找到目标，停了下来，它们就开始享受美味。有人对此非常感兴趣，于是做了一个试验，将这一组毛毛虫放在一个大花盆的边沿，使它们首尾相接，带头的那条毛毛虫也排在队伍中，连在队尾的毛毛虫后面排成一个圆。那些毛毛虫开始移动，它们像一个长长的游行队伍，没有头，也没有尾。观察者在毛毛虫队伍旁边摆放了一些它们喜爱吃的食物。但是，毛毛虫们想吃到食物就得看它们的目标，也就是那只带头的毛毛虫是否停了下来，一旦停了下来它们才会解散队伍不再前进。观察者预料，毛毛虫会很快就会厌倦这种毫无用处的爬行而转向食物。可是毛毛虫没有这样做。出乎预料，那只带头的毛毛虫一直跟着前面的毛毛虫的尾部，它失去了目标。整队毛毛虫沿着花盆边沿以同样的速度爬了七天七夜，一直到饿死为止。

可怜的毛毛虫给予我们最深刻的启示：没有目标、无主题的盲目行动只会失败。目标和主题对于我们的工作和我们的行动非常重要，不容忽视。

在工作中，很多人有可能忘了自己最初的目标，忙于应付一只又一只跑出来的"兔子"，结果忙来忙去什么都没有得到。事实上，我们忙碌的最大的问题恰恰在于，根本不知道自己在忙什么，什么问题才是真正值得我们去解决的，或者在不知不觉中"跑了题"。例如，想做饭了却发现家里没盐了，去买盐时发现旁边那家砂锅不错，买砂锅之前到另外一家商场比较价钱，结果在那家商场看到了自己喜欢的一个品牌衣服专柜正在打折……到了最后盐没买成，却穿着新衣服在饭店里吃饭……这是造成我们无序忙碌的重要原因，也是造成我们忙而无果的重要原因。

我们常常盲目行动、毫无计划，整天忙忙碌碌、晕头转向，结果却因为做了大量无意义的事情而使得忙碌失去了价值。

梁乐乐是一家公司的职员，大学毕业后，顺利地进入了一家著名的跨国公司。因为她精明能干，善解人意，很受老板的赏识。进这家公司没多久，她就由普通员工被提拔为经理助理。为此，她工作更加敬业，帮老板把工作安排得井井有条，和同事相处也很好。

梁乐乐在这家公司的工作用她自己的话来说是得心应手。在这家公司里，与她同一届毕业的同学当中，她做得最好。所以，难免会有同学打电话来询问她一些工作上的事情。

善解人意的梁乐乐，每当接到询问她工作经验的电话，就很积极地帮助他人出谋划策，帮他们解决工作上遇到的问题。

这样一来，她就无法专注于有效的工作。经理也批评过她，说她做这些虽然帮了同事、同学，甚至对提高公司其他人员的工作能力都起到了非常好的作用，可这些事对她来说毕竟都是本职工作之外的，这些事迟早会误了公司和她自己的大事。

但梁乐乐依然故我，每天还是忙忙碌碌的，热心地做着很多分外的事。

一次，总部的老板打电话过来，结果电话一直占线，而这一次老板的电话是通知梁乐乐的经理，有个重要的合同要与他协商。结果，老板等了半个多小时，才把电话打进来。了解了电话占线的原因不是因为梁乐乐的经理在洽谈别的生意，而是梁乐乐接了一个电话，正在热心地帮助别人，做些无效的工作后，老板一句话没说就把电话挂了。

直到有一天，梁乐乐正在修改一份公司报告时，收到总部的老板发过来一份传真：你的工作很出色，你也很努力，但是你没有很清楚地认识到哪些事才是对你和公司最有效的。我希望下次见到的不是梁乐乐，而是一个能专注于有效工作的员工。

结果可想而知，每天都忙得不可开交的梁乐乐被辞退了。原因很简单：她整天没有任何主题的忙忙碌碌一直是在做无用功。

一位著名科学家说过："无头绪地、盲目地工作，往往效率很低。正确地组织安排自己的活动，首先就意味着准确地计算和支配时间。虽然客观条件使我难以这样做，但我仍然尽力坚持按计划利用自己的时间，每分钟计算着自己的时间，并经常分析工作未按计划完成的原因，就此采取相应的改进措施。通常我在晚上定出翌日的计划，定出一周或更长时间的计划，即使在不从事科学工作的时候，我也非常珍视一点一滴的时间。"

所以，要学会带着目标去工作，这样才会让工作忙得有成效、忙得有结果。

◎ 做最重要的事而非最紧要的事

伯利恒钢铁公司总裁理查斯·舒瓦普，经常为自己和公司的低效率而忧虑，于是找到效率专家艾维·李寻求帮助，希望李能卖给他一套思维方法，告诉他如何在较短的时间里完成更多的工作。

艾维·李说："好！我10分钟就可以教你一套至少能提高50%效率的最佳方法。"

"把你明天必须要做的最重要的工作记下来，按重要程度编上号码。最重要的排在首位，以此类推。早上一上班，马上从第一项工作做起，一直到完成为止。然后用同样的方法完成第二项工作、第三项工作……直到你下班为止。即使你花了一整天的时间才完成了第一项工作，也没关系。只要它是最重要的，就坚持做下去。每一天都要这样做。在你相信这种方法能提高效率之后,叫你公司的人也这样做。"

"这套方法你愿意试多久就试多久,然后给我寄张支票,并填上你认为合适的数字。"

舒瓦普认为这个思维方式很有用,不久就填了一张25000美元的支票给李。舒瓦普后来坚持使用艾维·李教给他的这套方法,5年后,伯利恒钢铁公司从一个鲜为人知的小钢铁厂一跃成为当时美国最大的不需要外援的钢铁生产企业。舒瓦普常对朋友说:"我和整个团队坚持拣最重要的事情先做,我认为这是我的公司多年来最有价值的一笔投资!"

这个例子告诉我们,当你面对一大堆工作不知从何开始时,不妨从最重要的事着手。

"要事第一"的观念如此重要,却常常被我们遗忘。我们必须让这个重要的观念成为一种工作习惯,每当一项新工作开始时,必须首先让自己明白什么是最重要的事,什么是我们应该花最大精力去重点做的事。

分清什么是最重要的事并不是一件易事,我们常犯的一个错误是把紧迫的事情当作最重要的事情。

紧迫只是意味着必须立即处理,比如电话铃响了,尽管你正忙得焦头烂额,但也不得不放下手边工作去接听。紧迫的事通常是显而易见的,它们会给我们造成压力,逼迫我们马上采取行动。但它们往往是令人愉快的、容易完成的、有意思的,却不一定是很重要的。

重要的事情通常是与目标有密切关联的并且会对你的使命、价值观、优先的目标有帮助的。什么是最重要的事，可以参照以下5个标准：

（1）完成这些任务可使我更接近自己的主要目标（年度目标、月目标、周目标、日目标）。

（2）完成这些任务有助于我为实现组织、部门、工作小组的整体目标做出最大贡献。

（3）我在完成这一任务的同时也可以解决其他许多问题。

（4）完成这些任务能使我获得短期或长期的最大利益，比如得到公司的认可或获得公司的股票，等等。

（5）这些任务一旦完不成，会产生严重的负面作用：生气、责备、干扰，等等。

根据紧迫性和重要性，我们可以将每天面对的事情分为四类：即重要且紧迫的事；重要但不紧迫的事；紧迫但不重要的事；不紧迫也不重要的事。

只有合理高效地解决了重要且紧迫的事，你才有可能顺利地进行复命。而重要但不紧迫的事要求我们具有更多的主动性、积极性、自觉性，早早准备，防患于未然。剩下的两类事或许有一点价值，但对目标的完成没有太大的影响。

你在平时的工作中，会把大部分的时间花在哪类事情上呢？如果你长期把大量时间花在重要且紧迫的事上，可以想象你每天是很忙乱的，一个又一个问题会像海浪一样向你冲来。你十分被动地一一解决。长此以往，总有一天你会被击倒、压垮，相信之后老板再也不敢把重要的任务交给你。

只有重要但不紧迫的事才是需要花大量时间去做的事。它虽然并不紧急，但决定了我们的工作业绩。"80/20"法则告诉我们：应该用80%的时间做能带来最高回报的事情，而用20%的时间做其他事情。复命时取得卓越成绩的员工都是把时间用在最具有"生产力"的地方。

只有养成做要事的习惯，对最具价值的工作投入充足的时间，工作中重要的事才不会被无限期拖延。这样，工作对你来说就不会是一场无止境、永远也赢不了的赛跑，而是可以带来丰厚收益的活动。

◆ 第一次就把事情做对

在工作中经常会出现这样的现象：

5%的人并不是在工作，而是在制造问题，无事生非，他们在破坏性地做工作。

10%的人正在等待着什么，他们永远在等待、拖延，什么都不想做。

20%的人正在为增加库存而工作，他们是在没有目标地工作。

10%的人没有对公司做出贡献，他们是"盲做""蛮做"，虽然也在工作，却是在进行负效劳动。

40%的人正在按照低效的标准或方法工作，他们虽然努力，却没有掌握正确有效的工作方法。

只有15%的人属于正常工作，但绩效并不高，仍需要进一步提高工作质量。

这些人做事看似很努力、很敬业，但他们不精益求精，只要差不多即可。尽管从表现上来看，他们很努力，但结果却总是无法令人满意。

在他们的工作经历中，也许都发生过工作越忙越乱的情况，解决了旧问题，又产生了新故障，在一团乱中造成工作失误，像无头苍蝇一样四处乱转，越忙越"盲"，把工作搞得一团糟。结果是轻则自己不得不手忙脚乱地改错，浪费大量的时间和精力；重则返工检讨，给公司造成经济损失或形象损失。如果我们能在第一次就把事情做对，就已超过大多数人，也大大提高了办事效率和成功的概率。

宋青是一家文化公司创意部的经理，曾为自己马虎的做事习惯而感到苦不堪言。有一次，由于完成任务的时间比较紧，他在审核广告公司回传的样稿时不仔细，在发布的广告中把服务部的电话号码打错了。就是这么一个小小的错误，给公司造成一系列的麻烦和损失。

宋青忙了大半天才把错误的问题理清楚，由此耽误的其他工作不得不靠加班来完成。与此同时，还让领导和其他部门的数位同人与他一起忙了好几天。如果不是因为一连串偶然的因素使他纠正了这个错误，造成的损失必将进一步扩大。

一次性做对事的重要性。我们平时经常说到或听到的一句话是："我很忙。"是的，在"忙"得心力交瘁的时候，我们是否考虑过这种"忙"的必要性和有效性呢？假如在审核样稿的时候宋青稍微认真一点，还会有后面的麻烦吗？

由此可见，第一次没做好，同时也就浪费了没做好事情的时间，返工浪费的精力和时间最冤枉。第二次把事情做对，既浪费时间，也浪费金钱。

工作缺乏质量，容易出错，结果忙着改错，改错中又很容易忙出新的错误，恶性循环的死结越缠越紧。这些错误往往不仅让自己忙，还会放大到让很多人跟着你忙，造成整个团队工作效率低下。

美国市政厅的一份研究报告披露，在华盛顿因工作马虎造成的损失，每天至少有100万美元。该城市的一位商人曾抱怨说，他每天必须派遣大量的检查员，去各分公司检查，尽可能地制止各种马虎行为。在许多人眼里有些事情简直是微不足道，但积少成多，积小成大，一些不值一提的小事会影响他们做事的工作效率，当然也会影响到他们工作上的晋升和事业上的发展。

有些人在工作和生活中养成了马马虎虎、心不在焉、懒懒散散的坏习惯。他们没有高质量工作的观念，总想着等下一次修正的机会，这样是无法保证工作绩效的。

我们工作的目的是创造价值，而不是制造错误或改正错误。在工作完工之前想一想出错后带给自己和公司的麻烦，想一想出错后造成的损失，就应该能够理解"第一次就把事情完全做对"这句话的分量。

只有坚持把事情一次做对，我们的努力才能实现良性运转，个人事业才有兴旺可言。

抓住问题的根源，做对事

在美国纽约，有一家联合碳化钙公司，为了进一步谋求发展，斥巨资新建了一栋52层高的总部大楼。工程马上就竣工了，但如何宣传而又不引起人们的反感，成为摆在公司员工面前一个棘手的问题，公司广告部员工绞尽了脑汁，仍然找不到一个满意的宣传方式。

就在这时，值班人员报告，在大楼的32层大厅中发现了大群的鸽子。这群鸽子似乎将这个大厅当成巢穴，把整个大厅搞得脏乱不堪。可是，应该怎样处理这群鸽子呢？如果处理得不好，势必会引起环保组织的攻击。终于，他们找到了问题的根源，那就是处理鸽子的方式。如果处理得巧妙，就可以使麻烦变成机遇。相关工作人员冥思苦想，终于得到了一个"一举两得"的好办法，那就是利用鸽子这一偶然事件大做文章，制造新闻。他们先派人关好窗户，不让鸽子飞走，并打电话通知纽约动物保护委员会，请他们立即派人妥善处理好这些鸽子。

动物保护委员会的人接到通知后立即赶来了，他们兴师动众的举动马上惊动了纽约的新闻界，各大媒体竞相出动大批记者前来采访。

3天之内，从捉住第一只鸽子直到最后一只鸽子落网，新闻、特写、电视节目等，连续不断地出现在报纸和荧屏上。这期间，出现了大量有关鸽子的新闻评论、现场采访、人物专访。而整个报道的背景就是这个即将竣工的总部大楼。此时，公司的首脑人物更是抓住这千金难买的机会频频出场亮相，乘机宣传自己和公司。一时间，"鸽子事件"成了酷爱动物的纽约人乃至全美国人关注的焦点。

随着鸽子被一只只放飞，这家碳化钙公司的摩天大楼以极快的速度闻名全美，而这家公司却连一分钱的广告费都没花。

回过头再想一想，如果这家碳化钙公司没有找到问题的根源，没有意识到鸽子的处理方式会关系到公司的利益，若处理不当，不但会损害公司的形象，还会丧失免费宣传公司大楼的机会。

在工作中，人们都希望能最快、最有效地解决问题，但有的人能做到，有的人却做不到，这其中的原因有很多，而是否懂得抓要点、抓根本，是关键。

在老板看来，一名称职员工最关键的素质是解决问题的能力，尤其是在紧要关头。正如一家知名的跨国集团总裁所说的："通向最高管理层最迅捷的途径，是主动承担别人都不愿意接手的工作，并在其中展示你出众的创造力和解决问题的能力。"

然而解决问题不能一味地靠决心和蛮力，最重要的还是要发现问题的关键，在危机之中找到转机。眉毛胡子一把抓，结果往往是事事着手、事事落空，即使事情能做成，也要付出很多的时间和精力。与此相反，有的人不管遇到多棘手的问题，都能够以最快的速度，抓住问题的关键，并采取相应的手段，这样，再棘手的问题也能快速解决，这也正是我们需要学习的地方。

◈ 先化繁为简，再处理问题

有一家杂志社曾举办过一项奖金高达数万元的有奖竞答活动，内容是：

在一个热气球上，载着3位关系着人类命运的科学家。

第一位是一名粮食专家，他能在不毛之地甚至在外星球上，运用专业知识成功地种植粮食作物，使人类彻底脱离饥荒。

第二位是一名医学专家，他的研究可拯救无数的人，使人类彻底摆脱诸如癌症、艾滋病之类疾病的困扰。

第三位是一名核物理学家,他有能力防止全球性的核子战争,使地球免于遭受毁灭的绝境。

由于载重量太大,热气球即将坠毁,必须丢出去一个人以减轻重量,使其余的两人得以存活。请问,该丢出去哪一位科学家?

活动开始之后,因为奖金丰厚,很快吸引了社会各界人士的广泛参与,并且引起了某电视台的关注。在收到的应答信中,每个人都使出浑身解数,充分发挥自己丰富的想象力来阐述他们认为必须将哪位科学家丢出去的"妙论"。

最后的结果通过电视台揭晓,并举行了热烈的颁奖仪式,高额奖金的得主是一个14岁的小男孩。他的答案是:将最胖的那位科学家丢出去。

这个故事为我们讲这样一个道理,很多事情其实很简单,但人们往往把它们复杂化了。善于把复杂的事务简明化,化繁为简,是防止忙乱、获得事半功倍的效果的法宝。工作中,我们经常看到有的人善于把复杂的事务简明化,办事又快又好,效率高;而有的人却把简单的事情复杂化,迷惑于复杂纷繁的现象中,结果陷在里面走不出来,工作忙乱被动,办事效率极低。

美国贸易委员会主席唐纳德在《提高生产率》一书中提出提高效率的"三原则",即为了提高效率,每做一件事情时,应该先问三个"能不能":能不能取消它?能不能把它与别的事情合并起来做？能不能用更简便的方法来取代它？

我们接受的普通教育和大多数训练都指导我们把握每一个可变因素，找出每一个应对方案，分析问题的角度应尽可能多样化。因此，事情变得异常复杂，我们当中"最优秀"的人提出了最佳的建议和方案。这些建议和方案也无疑是最复杂的。

久而久之，我们开始习惯于一种思维定式——最复杂的就是最好的。复杂化的问题从小就开始伴随着我们，成为我们生活和工作的一部分。

其实，处理复杂问题最有效的方法是简单化。美国通用电气前CEO杰克·韦尔奇说："你简直无法想象让人们变得简单是一件多么困难的事，他们恐惧简单，唯恐一旦自己变得简单就会被人说成是大脑简单。而现实生活中，事实正相反，那些思路清楚，做事高效的人正是最懂得简单的人。"同理，我们在做事情的时候也应当注意从简单的地方入手，利用简单的手段解决复杂的问题。

航海家哥伦布发现美洲大陆后回到西班牙，女王为他摆宴庆功。

酒席上，许多王公大臣、名流绅士都瞧不起这个没有爵位的人，纷纷出言相讽。

"没什么了不起，我出去航海，一样会发现新大陆。"

"只要朝一个方向航行，就会有重大发现！"

"驾驶帆船,太容易了!女王不应给他这样高的奖赏。"

这时,哥伦布从桌上拿起一个鸡蛋,笑着问大家:"各位尊贵的先生,哪位能把这个鸡蛋立起来?"

于是一些自以为能力超群的人物纷纷开始立那个鸡蛋,但左立右立,站着立坐着立,想尽了办法,也立不住椭圆形的鸡蛋。

"我们立不起来,你也一定立不起来!"

哥伦布拿起鸡蛋,"砰"的一声往桌上磕了一下,大头破了,鸡蛋牢牢地立在桌子上。众人嚷道:"这谁不会呀!这太简单了!"

哥伦布微笑着说:"是的,这很简单,但在这之前你们为什么想不到呢?"

很多事情解决起来很简单,并没有看上去那么复杂,只是我们把它想得太复杂了。这正是哥伦布的事例告诉大家的。

我们生活的当今时代,大大小小的问题,被描述得复杂不堪,使人望而却步。我们要参加烦琐的会议,要阐述复杂的概念,要面对复杂的管理,要接受复杂的企业文化……然而我们却发现企业的效率越来越低,管理成本越来越高,我们把时间都浪费在繁杂的事务上。这个时候就一定要学会把烦琐、累赘一刀砍掉,让事情回归简单!

曾任苹果公司总裁的约翰·斯卡利说过:"未来属于简单思考的人。"马上行动,追求简单,事情就会变得越来越容易。反之,任何事都会让你感到棘手、头痛,精力与热情也跟着下降。追求简单可以让你逃离忙碌的苦海深渊,轻松完成任务。

◆ 分解工作难题,各个击破

当我们无法将整块牛排吞下去的时候,该怎么办?这时需要用工具,将牛排切成小块,这样我们便能顺利进食,问题也就得以解决了。

中国有句俗话:一口吃不成个胖子。解决问题也同样如此。我们常常十分急躁地埋头于解决问题的过程中,希望尽快地摆脱困境。这并没有错,但是当你并没有认真了解这个问题,只是一心想着要快速解决问题的时候,这对最终的结果有害而无益。

我们常常被一个问题的复杂和棘手所吓倒,认为解决它几乎是"不可能完成的任务"。但你是否尝试过将这个吓倒了你的大问题分解成一个个小问题来解决呢?

1872年,"圆舞曲之王"约翰·施特劳斯应美国当地有关团体之邀在波士顿指挥音乐会。但谈演出计划的时候,他被这个规模惊人的音乐会吓了一跳。

原来,美国人想创造一个世界之最:由施特劳斯指挥一场有两万人参加演出的音乐会。而一个指挥家一次指挥几百人的乐队就是一件很不容易的事了，何况是两万人。

施特劳斯想了想，居然答应了。到了演出那天，音乐厅里坐满了观众。施特劳斯指挥得非常出色，两万件乐器奏起了优美的乐曲，观众听得如痴如醉。

原来，施特劳斯任的是总指挥，下面有100名助理指挥。总指挥的指挥棒一挥，助理指挥紧跟着相应指挥起来，两万件乐器齐鸣，合唱队的和声响起。

现实中的问题常常是错综复杂的，我们很难将问题一下完美解决。这时，我们就可以尝试将一个大问题分解成一个个小问题，各个击破。这样远比毫无头绪地寻找一个最佳方案要来得实际和有用，正如施特劳斯最终成功指挥了一场有两万人参加演出的音乐会。许多目标乍看起来像梦一般遥不可及，然而我们如果本着从零开始，一点一滴去实现，有效地将问题分解成许多个小问题，将大大提升我们去战胜困难的信心和效率。

"一次爱一个"是1979年诺贝尔和平奖得主特蕾莎修女的理念。她救助了4.2万多个被人遗弃的人，其中不少是很多人不敢接触的麻风病患者。这个数字，在许多人眼中是一个天文数字。

在谈到如何能创造这一奇迹时，特蕾莎说了"一次只爱一个""我从来不觉得这一大群人是我的负担。我看着某个人，一次只爱一个，因为我一次只能喂饱一个人，只能一个、一个、一个……就这样，我从收留一个人开始"。

"如果我不收留第一个人，就不会收留4.2万个人，这整个工作，只是海洋中的一个小水滴。但是如果我不把这滴水放进大海，大海就会少了一滴水。

"你也是这样，你的家庭也是一样，只要你肯开始……一滴一滴。"

在别人看来是不可能达到的目标，特蕾莎却达到了。只因为她学会了将问题和压力分解，"一次只爱一个"地去做！

许多人就是由于恐惧、压力，所以向困难投降。战胜困难和压力的重要方法之一，就是善于把大问题化作小问题；将大的压力，分解为小的压力。分解问题有助于解决问题。当一个原先令你畏惧的问题被分解成一个个小问题放在你面前时，你就能够轻而易举地解决它们。

所以，尝试用吃牛排的方式来对待你的问题，你会发现那要容易得多。

◆ 努力做事，还要聪明地做事

从前有个小村庄，村里除了雨水没有任何水源，为了解决这个问题，村里的人决定对外签订一份送水合同，以便每天都能有人把水送到村子里。有两个人愿意接受这份工作，于是村里的长者把这份合同同时给了这两个人。

得到合同的两个人中有一个叫艾德，他立刻行动了起来。

每日奔波于1里外的湖泊和村庄之间,用他的两只桶从湖中打水运回村子,并把打来的水倒在由村民们修建的一个结实的大蓄水池中。每天早晨他都比其他村民起得早,以便当村民需要用水时,蓄水池中已有足够的水。由于起早贪黑地工作,艾德很快就开始挣钱了。尽管这是一项相当艰苦的工作,但是艾德很高兴,因为他能不断地挣钱,并且他对能够拥有两份专营合同中的一份而感到满意。

另外一个获得合同的人叫比尔。令人奇怪的是自从签订合同后比尔就消失了,几个月来,人们一直没有看见比尔。这令艾德兴奋不已,由于没人与他竞争,他挣到了所有的运水钱。比尔干什么去了?他做了一份详细的商业计划书,并凭借这份计划书找到了4位投资者,一起开了一家公司。6个月后,比尔带着一个施工队和一笔投资回到了村庄。花了整整一年的时间,比尔的施工队修建了一条从村庄通往湖泊的大容量的不锈钢管道。

这个村庄需要水,其他有类似环境的村庄一定也需要水。于是比尔重新制订了他的商业计划,开始向全国甚至全世界的村庄推销他的快速、大容量、低成本并且卫生的送水系统,每送出一桶水他只赚1便士,但是每天他能送几十万桶水。无论他是否工作,几十万的人都要消费这几十万桶的水,而所有的钱都流入了比尔的银行账户中。显然,比尔不但开发了使水流向村庄的管道,还开发了一个使钱流向自己钱包的"管道"。

从此以后,比尔幸福地生活着,而艾德在他的余生里仍拼命地工作。

比尔和艾德的故事告诉我们：当你要做出决策的时候，问问自己："我究竟是在修管道还是在运水？""我是在拼命地工作还是在聪明地工作？"

不可否认，勤奋和韧性是解决问题的必要条件，但是除此之外，我们还应当运用自己的智慧。行动前积极思考，在行动中及时调整用以实现目标的手段。同样是解决难题，思想老旧的人年复一年，机械地重复着手边的工作。相反，会动脑筋的人会借着问题，将工作上升到更高效的层面，自己也可"一劳永逸"。

同样是在工作，有些人只懂勤勤恳恳，循规蹈矩，终其一生也成就不大。而聪明的人却在努力寻找一种最佳的方法，在有限的条件下发挥聪明才智，将工作做到最完美。

刘宁和王楠毕业于某名牌大学企业管理专业，并进入同一家公司。

刘宁工作努力认真、踏实肯干，每天除了工作还是工作，他好像总有忙不完的事，而且还常常自动留下来加班，天天工作到很晚才下班，但遗憾的是工作业绩平平。

王楠呢？他的想法和做事的方式总是与众不同，从不墨守成规。他总是琢磨一些"懒办法"——别人两小时完成的，他就要想办法争取一个小时完成。相同条件下，别人做到10分的效果，他要努力做到12分……老板交给他的任务，他不但完成得干净利落，而且结果也能令人满意。

一年后，王楠被委以重任，刘宁只获得象征性的加薪鼓励。

这让刘宁心里非常不平，认为王楠没有自己工作认真，也没有自己工作的时间长，凭什么业绩反而比自己好，而且还受公司的重用，自己为公司付出了那么多，反而落得竹篮打水一场空。他越想越觉得不公平，于是向公司递交了辞呈。

在我们的周围，类似刘宁这样的人并不在少数。人们习惯地认为"老黄牛"式的员工就是好员工，但事实上，"努力"工作的人并不一定会受到上司的赏识。即使你付出了200%的努力，如果没有给企业带来实际的效益，要想得到老板的赏识也是不太可能的。在这个以效率为先、靠业绩说话的时代，努力工作固然重要，但更重要的是要用脑子工作。

在知识经济时代，仅仅有埋头苦干的精神已经远远不够，要学会聪明地工作。

工作并不是简单的重复作业，职场是智慧的较量场，只有充分利用自己的智慧，多动脑筋想办法才能把工作做好，才不会眼睁睁地看着机会白白溜走，更不会整天忙忙碌碌却收获甚微。

◆ 能完成100%，就绝不只做99%

有一次，希望集团总裁刘永行去一家韩国面粉企业参观。但就是这次普通的参观，给了他很大的刺激，回国后好几个晚上都难以入眠。

这家面粉厂属于西杰集团,每天能处理1500吨小麦,却只有66名雇员。一个只有几十名员工的小厂,其工作效率之高令刘永行惊叹不已。在国内,相同规模的企业日生产能力只有几百吨,而员工人数却多达上百人。

为了弄清楚其中的奥秘,刘永行与这家工厂的管理层进行了深入的交谈,了解到他们也在中国投资办过厂,当时的日处理能力为250吨,员工人数却多达155人。同样的投资人,设在中国的工厂与韩国本土生产效率居然相差10倍,效益自然也不会太理想,磨合了一段时间,觉得没有改善的可能性,就将工厂关闭了。

两家工厂的效率为什么有如此大的差距呢?是设备的先进程度不同还是管理方法有差别?当然都不是,韩国本土工厂是20世纪80年代投入生产的,而与中国的合资厂是在20世纪90年代建设起来的,设备比韩国的还先进,工厂的主要管理层基本上是韩国人。恰好,刘永行遇到了那位曾在中国工厂负责的韩国厂长。

怀着极大的好奇心,刘永行特意请教这位厂长:"为什么同样的设备、同样的管理,设在中国的工厂却需要雇用那么多员工呢?"

那位厂长回答得很含蓄:"也许是中国人做事落实不到位吧。"而正是这么一句轻描淡写的话,却让刘永行回国后彻夜难眠。他知道,当着一群中国企业家的面,那位厂长的话已经是十分客气了。在这句平淡的话背后,一定藏有许多难言之隐,一定有许许多多不为人知的管理问题。

仔细想一想,在中国大部分企业中,都存在员工把自己的事情做得差不多就够了的想法,所以效率就低了。

也许对待一份工作只是差那么一点点,但它离完美却相差甚远。

在1标准大气压下,水温升到99℃,还不是开水,其价值有限;若再添一把火,在99℃的基础上再升高1℃,就会使水沸腾,并产生大量水蒸气来驱动机器,从而获得巨大的经济效益。100件事情,如果99件事情落实了,一件事情未落实,而这一件事就有可能对某一单位、某一团队、某个人产生100%的影响。

我们在工作中出现的问题,的确只是一些细节、小事落实得不完全到位,而恰恰是这些细节落实得不到位,又常常会造成较大影响。对很多事情来说,执行上的一点点差距,往往会导致结果上出现很大的差别。很多执行者工作没有落实到位,甚至相当一部分人做到了99%,就差1%,但就是这1%的区别使他们在事业上很难取得突破和成功。

追求完美对职场中的人来说很重要,自我满足就意味着停滞不前,一旦一个人自以为工作做得很出色了,他就会故步自封,很难再有突破,他就会逐渐找不到自己的位置。

要想让自己真正忙出成绩,就要随时思考改进自己的工作方式。如果工作落实不到位,那么一切都是空谈。

老板要提拔一名员工，当然要挑选办事稳妥、迅速周到的人。他们绝不会看中那些拖拉懒惰，做事马虎而必须经人东修西改的人，他们最满意的人，做起事来必须有条不紊、不辞辛劳。

要么你做好，要么你就别做。也许你也见过那些烂尾工程，耗费了大量的人力、物力和财力，到最后仍然不能竣工入住，这不得不让人感叹。这就是做事落实不到位的典型例子。

一个人成功与否在于他是否做什么都力求做到最好。成功者无论从事什么工作，都绝对不会轻率疏忽。因此，在工作中，你应该以最高的规格要求自己。能做到最好，就必须做到最好，能完成100%，就绝不止做99%。只有你把工作做得比别人更完美、更快、更准确、更专注，动用你的全部智能，才能引起他人的关注，实现你心中的愿望。

... 第六章

保持对信息的高度敏感性，在新经济赛场"弯道超车"

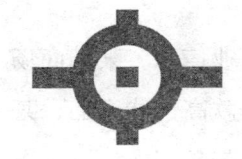

我们生活在信息风暴中

你有没有意识到,我们正生活在信息风暴中?

现代社会是一种靠信息生存的时代,在人们的交往过程中,拥有的信息量成为机会和财富的象征。人们总是把眼光盯在瞬息万变的社会中,世界正在成为一个巨大的信息交流场。1988年,一根光纤电缆能同时传送3000个电子信息。1996年则能传送150万个电子信息,2000年能传送1000万个电子信息。一个商业信息也许就能创造一笔不菲的财富。于是我们就会意识到信息的价值,就会在各种信息的载体上去获取更多的信息。

现代生活充满了信息,承载信息的媒体也种类繁多。过去的媒体主要是书籍、报刊,后来有了广播、电视,再后来计算机开始普及,直到现在,手机也成了信息的主要传播渠道。

通过这些媒体,青少年朋友的生活也充斥着各种各样的信息。

逛商场时,满眼看到的是各种各样的商业信息。某某商场返券打折,酬惠新老顾客;某公司推出新一款高性能产品;某样商品的价格发生了怎样的变化;某厂家的产品正在为打入市场而进行营销策划；卖什么商品能赚钱；哪只股票呈"牛市"，哪只股票呈"熊市"；哪个公司即将上市；哪些国外企业要开拓中国市场；中国哪家企业迈出了国门，走向了世界……

在休闲时，你可以接触到数不胜数的生活信息。如国家对盐、糖等生活必需品的价格做了哪些调节；哪里的房子地段好，而且价格适中；装修房子需要注意室内空气的检测；小区周围又开了几家超市；今年冬天的取暖费是否会有上涨；出去旅游应做好哪些准备，应该在什么时段选择哪些景点；城市交通线路做了哪些改换……

在学习时，你还会发现身边充满了教育信息。哪所学校师资力量强、实力雄厚；哪所学校校纪校规严格，升学率高；哪所学校的专业设置合理；哪所学校毕业生的就业率高；出国留学应该选择哪个国家，选择什么专业，需要做什么准备，外语要达到什么程度，需要考托福、雅思还是GRE（Graduate Record Examination，美国等国家研究生入学资格考试），签证等手续怎样办理，怎样才能拿到奖学金……

找工作时，你又会遇到许许多多的就业信息。哪些公司招聘哪些职位，具体要求怎样，公司发展如何，待遇如何，等等。

这些信息都与大家息息相关，可以说，你的周遭正在发生新一轮的信息革命。无论是个人还是国家，都不能忽视信息革命所带来的深刻变化。日本为了在信息革命中占据领导地位，开始研发第五代、第六代计算机；美国也在实施信息战中的战略防御计划；西欧在很早以前就有与信息密切相关的尤里卡计划，并且努力建立欧共体，其实这也是为了各个国家能够分享更多的信息，从而提高竞争力。

信息革命的步伐从其产生的那天开始，就没有停止过。在20世纪90年代末期，人们所津津乐道的一个词语就是"知识经济"。从本质上而言，如今的知识时代正起源于信息革命。现在，知识成为经济增长的基础，是否善于学习成为评价人才的标准，能否掌握有用的信息成为个人成就的关键，人类社会面临一场惊天动地的历史性变革。

当今社会，信息已经成为竞争中的关键因素。如果能够敏锐地发掘信息、加工利用信息，则可以在竞争中争得一席之地。但是，在信息时代没有常胜将军，往往就在你为成功而沾沾自喜的一刹那，一条关键的信息就有可能溜走了，也许你会因此而丧失许多机会，失去竞争的主动性。

松下幸之助认为，现在是一个容易成功的时代。因为现在无论做善事或恶事，一下子就会传遍全国，而在以前，可能要一两个月甚至两三年的时间全国的人才会知道。过去在大阪、京都销路很好的商品，想在东京打开市场，可能要很长一段时间，可是现在一经网络传播，全世界马上都知道了。

正因为这种信息传递的加速，使得生活中处处都充满了机会，只要做一个有心人，善于发现生活中的一切细节现象，细心思索其中的关键因素，你就会把握住信息从而获得成功。

◎ 对信息要保持高度的敏感性

古语云：月晕而风，础润而雨。其意思就是月亮周围出现光环，那就预示将有大风刮来，柱子下面的石墩子（础）返潮了，则预示着天要下雨。这是古代人们利用天象这一信息来预知刮风下雨，从而为外出做准备。

把这句话用在对机遇的把握上，就是告诫青少年朋友要善于利用各种信息，从中捕捉机会，从而为成功做好准备。

见"础润"而准备雨伞，把握和充分利用机遇，就能有效地改变人生，把潜在的效益变成现实的效益。

1995年，只身到美国留学的王颖，踏入异乡时身上只有200美元，举目无亲。她曾在美国人家里做过保姆，在中国餐馆里做过厨师。在不到4年时间里，她已创立了自己的公司，经营上千万美元的进出口贸易。她的成功，也是得益于信息效应。一次偶然的机遇，她在美国的一个商店里发现一种新的商品——韩国产的手工缝制提包。这种提包，在美国要30美元1个。而在中国，原料并不需要多少钱！于是她决定做手工缝制提包生意，当即通过传真同中国工艺品进出口公司联系，向美国某进口公司卖出了50个货柜的款式全新、质量优美的手工提包。

王颖正是凭借着对信息的敏感性，把握了这次商机。类似的情况在美国好莱坞也出现过。

好几位著名电影导演在看了《雨人》的剧本后，都认为这只是一个关于一位行为怪异的中年人和他弟弟的故事，不会引起大多数观众的兴趣。可巴里·莱文森却看到其惊人的潜力：如果在这部反映兄弟关系的剧本中，加入幽默及戏剧化效果，那将引起很大的轰动。莱文森对达斯廷·霍夫曼说，在表现雷蒙·巴比特的病症时，"不要过分担心"。他的直觉果然正确。霍夫曼出色的演技征服了全世界的观众，影片所带来的票房收入也超过5亿美元。无疑，好莱坞肯定有人要称莱文森为幸运儿了。而这个幸运儿也是靠敏锐地嗅到了《雨人》剧本的价值才获得成功的。

实际上，获取信息并不像我们想象中那般复杂。用你的眼睛、耳朵和嘴巴就能够得到重要信息。

你的朋友、你的竞争对手，报纸、杂志、广播、电视……都会有大量的信息提供给你参考；食堂、教室、商场、咖啡屋……都能成为信息的来源。实际生活中处处充满信息，善于观察生活的人，总能找到成功的机遇。也就是说，只要对信息的敏感性强，就能捕捉到有用的信息。

对信息的敏感性来源于善思考、善联系、善挖掘，透过信息的面纱来感知隐含着的对自己有用的内容。好比在荒原上寻宝藏，宝藏不可能明摆在你的面前，要通过表面的现象表现传达出的信息，判断宝藏可能藏在哪里，然后把宝藏挖出来。如果非要等到眼睛直接看到宝藏才弯腰去捡，那么大量的信息就会从你身边溜走，而宝藏也将与你无缘。

◆ 对众多信息进行有效筛选

当你面前有一个目标时，你会从各种渠道得到各种各样的信息。在这些信息中，有的足以决定成败，有的可以促进成功，而有的却是负面信息，它不但不会对你的工作产生促进作用，还会产生阻碍作用。更有些信息本身就是假信息，它会带你走上弯路甚至歧途。大家掌握了这许许多多的信息后，首先，要做的就是去伪存真，剔除虚假信息对自己的干扰；其次，要对真实的信息进行筛选，选出对自己实现目标有利的因素，而去除那些阻碍因素；最后，就是要利用筛选出来的有用的信息和对自己的认识采取有效的行动，来达到目标。

下面来看看布朗先生是怎样做的。

布朗先生是美国某肉食品加工公司的经理，一天，他在翻阅报纸的时候，看到一个版面上有以下几条信息：美国总统将要访问东欧诸国；部分市民开始进行反战游行；英国一科学研究室称未来10年有望克隆人体；墨西哥发现了类似瘟疫的病；等等。看到这些信息，他的职业敏感性马上让他嗅到了商业机会的气息。他意识到"墨西哥发现类似瘟疫病例"这条信息对自己很重要。他马上联想到：如果墨西哥真的发生瘟疫，则一定会传染到与之相邻的加利福尼亚州和得克萨斯州，而从这两州又会传染到整个美国。事实是，这两州是美国肉食品供应的主要基地。如果真如此，肉食品一定会大幅涨价。于是他当即派医生去墨西哥考察证实，查证结果是：这条信息是真实可信的，墨西哥政府已经在想办法联合美国部分州政府共同抵御这场灾难。于是，他立即集中全部资金购买了加利福尼亚州和得克萨斯州的牛肉和生猪，并及时运到东部。果然，瘟疫不久就传到了美国西部的几个州，美国政府下令禁止这几个州的食品和牲畜外运，一时美国市场肉类奇缺，价格暴涨。布朗在短短几个月内，净赚了 900 万美元。

在上述的案例中，布朗先生所做的几点是值得大家学习的。首先，他从各种政治新闻、科技新闻、社会新闻中发现了一条可能对自己有用的信息；其次，他及时地验证了信息的真伪；最后，他采取了果断的行动。同时，他还运用了自身的其他信息储备。他的地理知识帮了他的忙：美国与墨西哥相邻的是"加利福尼亚州和得克萨斯州"，此两州为全美主要的肉食品的供应基地。另外，依据常规，当瘟疫流行时，政府会下令有瘟疫的州禁止食品外运。禁止外运，便会使整个美国肉类奇缺、价格高涨。精明的布朗就是利用善于对信息进行筛选这一本领加之其他方面的能力，获得了 900 万美元的利润。

收集与积累信息只是一个准备过程，有些东西也许从来都不会用上它，有些信息的出现绝对是一次性的，此后出现的信息也不会与以前的完全一样，那为什么还要去收集与整理并建立信息库呢？其实这是个思维训练的过程，你要学会从所收集的信息中挑选出最有价值的，并努力去应用它。只有当你经过无数次的检验之后，你才会获得一种特别的经验，那时你就会牢牢抓住那一点点提供成功机会的信息。

年轻人可以做这样的练习，即仔细、认真地阅读报纸，把自以为重要的信息剪下来，进行前后对比，并对信息进行考察、筛选，看哪些信息现在就可以利用，哪些信息以后可能会有用，然后对信息进行加工处理，寻找并引出结论。读报纸、杂志，以多读多看，分析比较好。

年轻人在平时就应该注意进行对信息收集和筛选的训练。生活中多观察、多思考，看哪些信息是真实的，哪些信息是可以利用的，哪些信息是可以为自己带来效益的。只有熟练地驾驭了信息，你才能够发现更多的机会，有更好的发展。

◈ 加工信息，使之更适用

一条信息的价值如何，关键看对自己有多大的作用。如果你对纷繁复杂的信息进行有效的整理和加工，自己的感知系统就有了选择性、方向性，就可以在众多的一般性信息中敏锐地发现别人看不到的机遇。这样你就能在有限时间内掌握更多有价值的信息，找到更多的发展机遇。

但在你的工作开始之前，还没有具体的设想时，面对纷繁复杂的信息世界，你又不能放弃，那怎么办呢？这就需要整理了，可以用简单、方便的折封袋档案整理法，将收集到的信息按照关键字的音序排列起来，将记事便条、报告用纸、小册子、稿纸、收据、报纸剪条等放入档案袋，即可成为自己的信息管理系统。并且在空闲时间，把这些信息拿出来看看，它们分别是关于什么样的主题，然后把相关主题的信息摆在一起，并串成一"小札"，完成许多"小札"之后，再进一步思考这些小札之间的关系，将逻辑相连者集中在一起。

一旦根据逻辑关系归纳出许多小札后，即把它们集中在一起，并附上标题纸片。这样你就可以对这些信息进行驾轻就熟的使用了。下面这个小故事中的主人公就是一个加工信息、为我所用的高手。

同一个城市有两家竞争激烈的制鞋厂，他们为了抢占市场，都使出了浑身解数。这一次，他们同时看中了一块市场，太平洋上的一个岛屿。但究竟在这块市场上有没有发展前景呢？他们不清楚，也不敢贸然行事，便都派出了业务员到岛屿上进行考察。

一个月过去了。

甲厂的业务员回来后，沮丧地对经理说："这块市场没有开发前景。因为岛上没有人穿鞋子，我们的鞋子不会卖出去的。"

乙厂的业务员回来后，却带来了截然相反的结论，他告诉经理这个市场前景广阔，而且已经拿来了一批订单。

也许大家都疑惑了，甲、乙厂的业务员调查的是同一个市场，这个岛屿上的人都不穿鞋，乙厂的业务员是怎样得出"市场前景广阔"的结论，并拿到了订单呢？

原来事情是这样的：乙厂的业务员到了岛上以后，发现岛上的人都不穿鞋子，而且这个岛的气候比较潮湿闷热，岛屿居民有许多都患了程度不同的脚病。他掌握了这些信息之后，认为这些信息之间一定存在某些联系。经过思考，他发现这个岛上的居民一直都没有穿鞋子的习惯，环境潮湿闷热，再加之卫生条件不是特别好，使得打赤脚的岛民容易生脚病。将这些信息进行综合加工之后，他认为当务之急是让岛民接受穿鞋子。

他没有选择住在旅馆，而是住在了岛民家里，与他们同吃同住。其间，他把自己带来的鞋子分发给岛民，让他们试穿，并告诉他们穿鞋子的好处，向他们灌输穿鞋子更加文明的理念，传授给他们保养脚的方法。岛民将他当作朋友，很高兴地接受他送的鞋子，并且真实地感觉到穿鞋子很舒服。慢慢地，岛民开始接受了穿鞋子，也就有了乙厂的第一笔订单并拿下该市场。

不容否认的是，乙厂的业务员很聪明，而且头脑很敏锐。他抓住了各种信息之间的联系，并对这些信息进行深加工，发现了这个潜在的巨大市场。

信息加工可以使信息更全面、更系统；信息加工可以使你更熟练地驾驭信息；信息加工可以使信息的实用性更高；信息加工可以揭示出隐含的深层信息。信息加工是发现机遇、把握机遇的方法，是当代年轻人应具备的重要本领。

◎ 信息就是命脉，信息就是金钱

罗斯柴尔德财团的创始人——罗斯柴尔德在创业之初，就十分重视信息工作。他们一家在世界范围内建立了一张巨大而又高效的情报网。拥有快速而又准确的信息以及对整理、运用信息的擅长，是罗斯柴尔德财团长盛不衰、傲视世界的秘诀之一。

罗斯柴尔德非常重视情报，认为这是维系罗斯柴尔德家族繁荣、安定的命脉所在。事实上，无论在哪个时代都是如此，情报就是命脉，情报就是金钱。在那个时代，想要频繁、快速、安全地交换情报，光靠政府的邮差是不行的。因此，罗斯柴尔德家族及时建立起一个横跨全欧洲，属于本家族专用的情报传递网，配备了专门的人员及车马、快船，不论气候何等恶劣也随时待命出发。

他们深深地了解及时得到情报的重要性，所以每年都不惜花大本钱扩充和更新装备，在传递速度和安全性上远胜于驿站邮政，甚至有时比政府的情报网更胜一筹。他们的信使携带着现金、证券、信件或其他东西穿梭于欧洲大陆。

正是有了这一高效率的情报通信网，使他们比英国政府更早地知道了滑铁卢的胜败情况。6月19日，罗斯柴尔德家族情报组织中的某人得到了英国获胜的快报，立即从鹿特丹乘专用快船渡过多佛尔海峡到达英国，将快报交到正在等待的家族成员尼桑手中。尼桑接过快报，只瞄了一眼标题便立刻登上马车赶往伦敦——他得到的消息比英国政府早了几小时。

尼桑·罗斯柴尔德在股票买卖时经常倚在一根柱子上，故该柱子获雅号"罗斯柴尔德之柱"。尼桑的脸色，就是周围许多人股票交易的晴雨表。

1815年6月20日是个特殊的日子。这天，人们更加关注尼桑的脸色和举动。原因是此前一天，世界上发生了足以引起全球振荡的大事情，英法两国于滑铁卢交战。而这一仗，不光决定两国的命运，当然也会影响到两国的股票涨跌：英国若获胜，英国公债将暴涨；法国拿破仑胜利的话，英国公债必定大跳水。所有股票生意人此刻全骑在了"老虎背"上，胆战心惊。人们只能等待消息，谁的消息灵通谁就可能先于别人动手，或买或卖，都可获大利。战争发生在比利时首都布鲁塞尔南部，距英国伦敦非常远。当时既没有无线电，也没有飞机和火车，只有水路上的汽船。人们只有采用快马传递和汽船运送。而这只有官方拥有，人们只有等待官方发布消息。

正在人们等待得焦急万分的时候，倚着"罗斯柴尔德之柱"的尼桑开始脱手派发英国公债。尼桑卖了！消息迅速传遍股票市场。英国人吃了败仗,快卖英国股票!人们蜂拥而上,进而成为恐慌性大抛盘,英国公债顿时暴跌。尼桑仍不动声色地继续抛出。直到英国公债跌入谷底,尼桑突然悄然反身大量购进暴跌至谷底的公债。跟进的人全部傻眼,不知发生了什么事情。他们互相打探、谈论、商量。但等他们醒悟时,尼桑已经吃饱喝足了。正在此时,传来了英军大获全胜的捷报。英国公债价值直线上涨!尼桑几小时之内获利几百万英镑。尼桑简直成了会变钱的魔术师。

商战之中,信息重要自不待言,但尼桑的高超技艺却在获得信息之后的几小时内大加展现。一般人听到消息,肯定是大量套购,那么别人也就跟进,大家互不折本。而尼桑却大胆构想,充分利用几小时的时间差和别人的依附心理,先抛后买,使大部分人上当,他则获大利。这种冷静和机敏常人就不具备。难怪尼桑被称为商界的奇才。

拥有发现商机的眼光

信息是了解市场的触角,只有掌握信息、运用信息才能全面掌握市场、开拓市场,寻找更多的致富机会。捕捉信息,就应当有灵活的头脑、敏锐的眼光和科学的方法。捕捉信息应当全面地预测、深入地调查、仔细地分析。

做生意怎样才能赚到钱，这是商人首先必须考虑的问题。犹太人作为世界上优秀的商人，他们具有超乎常人的商业敏感，能够从别人容易忽略的地方发现商业机会，创造财富。

洛克是位犹太大富翁，生意上的事情多，工作显得十分紧张。有一次，为了放松一下，他将工作托付给助手后来到日本度假。这时正值盛夏，天气炎热，洛克不愿待在空调房里，便去爬富士山。富士山山顶终年积雪，寒冷异常，而半山腰则凉爽宜人，空气特别新鲜。

洛克来到富士山的半山腰忍不住要贪婪地多吸几口新鲜空气，身上的劳累、倦怠感似乎也不翼而飞了，嘴里不住地赞美道："多新鲜啊，这是纯自然的空气，这是没有污染的空气。"说着，呼吸着，心里冒出这么一个主意：我为什么不把富士山的空气拿回去卖呢？

洛克推测有哪些人会成为自己的顾客：那些身居喧嚣闹市，每天呼吸被污染了的空气的人难道会不喜欢这种自然、新鲜的空气吗？病人恢复身体，肯定也需要这种自然、新鲜空气的滋润；那些久闻富士山大名，但无缘亲自前来观光，或者来过富士山，对富士山的景色和空气留有非常美好的深刻印象，但不可能长期待在富士山享受这里的自然、新鲜空气的人也可能会掏钱买；另外，正在长身体、长智力的儿童和讲究营养保健的老年人也会对它情有独钟的。

洛克经过一番分析，信心倍增，立即派助手找来一名研究人员，请他在这里提取空气样本进行研究、测试，然后拟出一份富士山空气对人体有哪些好处的科学分析数据报告。

洛克马不停蹄地申办了执照等开业手续，在富士山半山腰开办了一家名叫"富士空气罐头厂"的工厂。洛克的新产品很有特色，用很漂亮却很便宜的包装材料做成罐头盒，里面充满自然、新鲜的富士山空气，外面印上富士山美丽的风景。

洛克的新产品瞄准那些在空气污染严重的大城市中生活的人，推销的成功率相当高。加之它价格便宜，所以迅速在日本打开了市场。洛克是有雄心壮志的人，他把"富士空气罐头"出口到美国、欧洲和赤道国家，也同样受到欢迎。

受到成功的鼓励，洛克的"富士山空气罐头"生意越做越大，罐装的空气不仅仅是富士山上的了，逐步扩大到原始森林中的空气、阿尔卑斯山上的空气、著名雪峰上的空气、浩渺湖面上的清新空气，既满足了社会的需要，又为自己赚取了可观的利润。

洛克到日本去度假，爬上空气清新的富士山，似乎在不经意中又发现了一门赚钱的新生意，可以说，他的成功完全来自他对生意机会的敏感。要知道，爬上富士山的人不知有多少，发现生产"富士空气罐头"机会的人又有多少。

可见，成功的商人善于从简单的商机中看出它所包含的复杂内容，并用立体全方位的手段去利用它们。

◉ 发现和辨析事物间的联系

信息就是金钱，信息也是机会，谁对得到的信息反应最为敏捷，并迅速采取行动，谁就占有机会。任何机会，归根结底都是信息，收集的信息越多，获取的机会也就越多，这是不证自明的道理。

不过，一个成功的商人收集信息时应包括广义的、来自各方的信息，切不可只收集具体的经济信息，看起来是信息灵通，而对其他方面的事情则不太感兴趣，实际上还只是闭目塞听。毫无疑问，假若经营者只顾埋头进行具体经营，成天沉浸在自己的买入或卖出、盈利多少、资金周转等具体的事情，而对当时的形势不闻不问；购进一批因政策变动而即将大幅度降价的商品或货物，那么肯定蚀本。

此外，一个成功的商人即使获得了信息，也必须对信息进行加工、分析、处理。不然就会被不准确甚至错误的信息扰乱视线，走入迷雾之中。因为信息往往扑朔迷离，真假莫测。所以切不可神经过敏，闻风而动，而应该在得到信息后冷静头脑，首先对信息的真假、价值等项做出明智的选择，然后再根据自己的具体情况来决定取舍。

伯纳德·巴鲁克是美国著名的犹太实业家、政治家和哲人，20多岁就已经成为人尽皆知的百万富翁。在事业稳步前进的同时,在政坛上也鹏程万里,呼风唤雨,从而赢得事业、权力的双丰收。1916年,他被总统威尔逊任命为"国防委员会"顾问和"原材料、矿物和金属管理委员会"主席。事隔不久又被政府任命为"军火工业委员会"主席。1946年任原子能委员会的代表,在70多岁的高龄时雄风不减。当年,他曾提出过建立一个以控制原子能的使用和检查所有原子能设施的国际权威的著名计划——"巴鲁克计划"。

和别的犹太商人一样,巴鲁克在创业伊始也历尽千辛万苦。正是因为他善于发现事物之间的联系,在常人看来是风马牛不相及的事情,巴鲁克却发现它们之间存在某种联系,从这种联系中找到属于自己的生意机会,并一夜暴富。

1899年7月3日晚上,巴鲁克在家里忽然听到广播里传来消息,美国海军在圣地亚哥将西班牙舰队消灭。这意味着很久以前爆发的美西战争即将告一段落。

7月3日,这天正好是星期天,第二天即7月4日,也就是星期一,一般而言,美国的证券交易所在星期一不营业,但私人的交易所则依旧工作。巴鲁克马上意识到,如果他能在黎明前赶到自己的办公室大把吃进股票,那么就能发一笔大财。

在19世纪末唯一能跑长途的只有火车,但火车晚上不运行。在这种情况之下,巴鲁克在火车站承包了一列专车,火速赶到自己的办公室,做了几笔获益颇丰的生意。

◎ 信息越快越准，赚钱越快越多

商业信息可以决定企业商家上天堂还是下地狱，是企业生存和发展壮大的决定性因素之一。

因为在信息化时代，信息的更新飞速变化，企业对信息的掌握在很大程度上影响其效益。而成功的企业就是最快掌握最新市场信息的企业。

信息像面包，总是新鲜的好。无数的事实告诉我们，经商者要以现实的目光、敏锐的头脑，收集、处理和利用市场信息，分析和掌握社会需求的投向，摸清同行和竞争对手的变化动态，先于对手做出正确的销售、经营决策，才会使你在复杂激烈的市场竞争中找到立身之地。

一次，一位商人与一个天气预测部门的朋友闲聊，商人说，不知今年怎么了，老天硬是一滴雨不下，不知这种天气还要持续多久。朋友告诉他：据气象部门预测，明年就将是一个多雨的年份。

说者无心，听者有意。商人从朋友的话中，发现了商业信息。什么与下雨关系最密切呢？自然是雨伞！说干就干，商人着手调查今年的雨伞销售情况。结果正像他想的那样：大量积压。于是他同雨伞生产厂家和销售商谈判，以明显偏低的价格从他们手中买来大量的雨伞进行囤积。

转眼就是第二年,天气果然像朋友预测的那样,雨下个没完。商人囤积的雨伞一下子就以明显偏高的价格出了手。仅此一项,商人一年时间就大赚了一笔。

你看,信息是致富的法宝。现在的各厂商都极为重视信息,千方百计地收集商业情报,以做到领先别人,知己知彼,百战不殆。有很多原来一文不名的小人物,就是善于利用信息而成为富翁的。

十几年前,古川只是一家日本公司的小职员,平时的工作是为上司跑跑腿,整理整理报刊材料。工作很辛苦,薪水也不高,他总琢磨着赚大钱。

有一天,他经手的报纸上有这样一条介绍美国商店情况的专题报道,其中有段提到了自动售货机。上面写道:"现在美国各地都大量采用自动售货机来销售商品,这种售货机不需要人看守,可一天24小时供应商品,而且在任何地方都可以安置,它给人们生活带来了方便。可以预料,随着时代的进步,这种新的售货方法会越来越普及,必将被广大的商业企业所采用,消费者也会很快地接受这种方式,前途一片光明。"

古川开始在这上面动脑筋,他想:日本将来也必然迈入一个自动售货的时代,但现在还没有一家公司经营这个项目,这项生意对于没有什么本钱的人最合适。我何不趁此机会走到别人前面,经营这项新行业。

于是,他就向朋友和亲戚借钱购买自动售货机。他筹到了

30万日元，这一笔钱对于一个小职员来说不是一个小数目。他一共购买了20台售货机，分别将它们安置在酒吧、剧院、车站等一些公共场所，把一些日用百货、饮料、酒类报纸杂志等放入自动售货机中，开始了他的事业。

古川的这一举措，果然给他带来了大量的财富。人们头一次见到公共场所的自动售货机，感到很新鲜，只需往里投入硬币，售货机就会自动打开，送出你需要的东西。

一般地，一台售货机只放入一种商品，顾客可按需要从不同的售货机里买到不同的商品，非常方便。

古川的自动售货机第一个月就为他赚到了100万日元。他再把每个月赚到的钱投资于售货机上，扩大经营的规模。5个月后，古川不仅还清了所有借款，还净赚了2000万日元。

古川在公共场所安置自动售货机，为顾客提供了方便，受到了欢迎。一些人看这一行很赚钱，也都跃跃欲试。古川看在眼里，认为必须马上制造自动售货机。他自己投资成立工厂，研究制造"迷你型自动售货机"。这项产品外观特别娇小可爱，上市后，反应极佳，古川又因制造自动售货机大发了一笔。

在古川致富的事例中，他从起步到成功，时间跨度相当地短。真可谓一步登天，而他的秘密法宝却很简单，那便是"速度"。机会很多，快速抓住才是上策，优秀的企业就是如此。

◉ 善于抓住创意致富

一个商人要在竞争中立足，必须具备强烈的信息意识，通过各种手段捕捉有效信息，从而掌握市场主动权。作为一个商人如果不能及时把握瞬息万变的经济情况和市场情况，往往会在市场竞争中败下阵来。

在商人中普遍流行一个观点：掌握住信息，就是掌握住商人所创事业的命运；失去了信息，就失去了生存的基础。因此，可以这么说，有效的信息，是一心想发家的商人所创事业的生命，它可以给每一位商人带来源源不断的财富。

其实，商人早就应该明白，现在所处的时代是信息的时代，信息是干事业的灵魂，是获得成功的关键。在这种情况下，谁闭目塞听，谁就会吃亏；谁善于在信息时代利用有利信息，谁就等于抓住了成功的机会。

商场上，闭目塞听者都应清醒过来，要知道，处处留心信息，就能给自己带来财富，使其走上一条发达的事业路。在报纸上和日常生活中，经常可以看到和听到这样的信息：一条信息救活了一个工厂；一条信息赚了很多的钱；一条信息使一个穷光蛋变成一个大富翁；等等。

美国佛罗里达州有一位生活潦倒的画家李浦曼，因为他太穷，只有一些简陋的画具，仅有的一支铅笔也已被削得很短了。

有一天,他一心一意在绘画时,找不到橡皮,费了很大的气力好不容易找到它,把画面擦好之后,又找不到铅笔了,为此他大为恼火。之后,他将橡皮用丝线接在铅笔的头部,但只使用一会儿橡皮又掉落下来。于是他下定决心要弄好它,就这样弄来弄去,几天后终于想了一个好的方法。他剪下一小块薄铁皮,把橡皮和铅笔包绕起来。果然,下一点功夫做起来的这个玩意儿,相当管用。"说不定哪一天这个东西会替我赚进一笔横财。"他对自己说。

他想,自己的这一小发明需要申请专利,就向亲戚借钱办理申请手续。这项专利以55万美元卖给某铅笔公司。当时的55万美元可是一笔天文数字,李浦曼的生活一下子就得到了改善。

还有一则抓住创意致富的故事。

一个牙膏公司销售业绩不佳。为了使目前已近饱和的牙膏销售量能够再加速成长,总裁巴布尔不惜开出重金悬赏,只要能提出足以令销售量增长的具体方案,便可获得高达10万美元的奖金。

在开会时,所有业务主管无不绞尽脑汁,在会议桌上提出各式各样的点子,诸如加强广告宣传、更改包装、铺设更多销售据点,甚至于攻击对手,等等,几乎到了无所不用其极的地步。而这些陆续被提出来的方案,显然不为巴布尔所采纳。巴布尔冷峻的目光,仍是紧紧盯着与会的业务主管,使得每个人皆觉得自己犹如热锅上的蚂蚁一般。

在会议凝重的气氛当中，一位进到会议室为众人加咖啡的女孩，无意间听到讨论的议题，不由得放下手中的咖啡壶，在大伙儿沉思更佳方案的肃穆中，怯生生地问道："我可以提出我的看法吗？"

巴布尔点头同意。

这位女孩出主意说："我想，人们在清晨洗漱时，由于着急上班匆忙挤出的牙膏，长度早已固定成为习惯。所以，只要我们将牙膏管的出口加大，大约比原口径多40%，挤出来的牙膏重量，就多了一倍。这样，原来每个月用一管牙膏的家庭，是不是可能会多用一管牙膏呢？诸位不妨算算看。"

巴布尔听后大声叫好，实行后果然销量大增。你看一个清新简单的好主意，往往可以获得意想不到的效果。

正如故事中那位女孩所提出的意见一般，有时将自己的思维模式或方向巧妙地加以转变，就可以看到更开阔的壮丽美景。

◉ 比别人多走几步，就能得到想要的信息

巨富吉威特有一种近似天才的远见，这个远见，可以说是他事业成功的关键。自从1930年以来，吉威特对每10年一次的时代新浪潮，都能十分准确地把握。而且把它联系在自己的

事业上，使自己走向成功的彼岸。

20世纪30年代：经济危机的年代，大多数的土木建筑业都无事可做，但吉威特却预见公共投资不久将复苏，于是全力去做事前的准备。

20世纪40年代：吉威特预见有关防御方面的工程，尤其是空军基地的建筑将增多。

20世纪50年代：吉威特又预见高速公路以及飞弹基地建筑时代将来临。

20世纪60年代：吉威特进一步预见都市交通网将有大的发展。

如此这般，他的这种先见之明，奠定了今日吉威特商业王国的基础。

现在我们再来看另一个富翁洛克菲勒是怎么运用这些高招的。

第二次世界大战结束后，战胜国决定成立一个新的处理世界事务的组织——联合国。这个总部得建在繁华的城市里才好，可是在任何一座繁华城市里购买建设庞大楼宇的土地都需要一笔很大资金，而刚刚起步的联合国总部的资金极为有限，各国首脑为此事伤透了脑筋。这个时候，洛克菲勒家族听说了这件事，他们立刻宣布，愿意出资870万美元在纽约买下一块地皮，并且无条件地捐赠给联合国。人们不禁惊讶，掏这么大的价钱买土地免费赠给联合国能有什么好处？洛克菲勒家族这么做简直是头脑发晕了!

可是他们不知道,当洛克菲勒家族在买下土地捐赠给联合国的时候,也买下了与这块土地毗连的全部土地。等到联合国大楼建起来后,四周的地价立即飙升起来。现在,没有人能够计算出洛克菲勒家族凭借毗连联合国的土地获得了多少个870万美元。

当人们明白过来的时候,洛克菲勒家族已经赚得盆满钵满了。这就是大亨的做法,他们的头一两步棋,人们通常猜不到用意何在,他的真实意图总是在事情快有了结局的时候,人们才恍然大悟,可是这已经是事情的结局了。

在19世纪80年代,约翰·洛克菲勒已经以他独有的魄力和手段控制了美国的石油资源。这一成就不仅取决于他从父亲那里学到的经商哲学,更主要的是受益于他从创业中锻炼出来的预见能力和冒险胆略。

1859年,当美国宾夕法尼亚州泰特斯维尔出现第一口油井时,洛克菲勒就从当时的石油热潮中看到了这项风险事业的前景是不可限量的。他在与合伙人争购安德鲁斯—克拉克公司的股权中表现出非凡的冒险精神。

拍卖价从500美元开始,洛克菲勒每次都比对手多出一个价,当标价达到5万美元时,双方都知道,标价已经大大超出石油公司的实际价值,但洛克菲勒满怀信心,决意要买下这家公司,当对方最后出价7.2万美元时,洛克菲勒毫不迟疑地出价7.25万美元，最后终于战胜对手。

年仅26岁的洛克菲勒开始经营起当时风险很大的石油生意，当他所经营的标准石油公司在激烈的市场竞争中控制了美国出售全部炼制石油的90%时，他并没有就此止步。

到19世纪80年代，利马发现了一个大油田，因为含碳量高，人们称之为"酸油"。当时没有一种有效的办法提炼它，因此只能卖一角五分钱一桶。洛克菲勒预见到这种石油总有一天能找到一种方法提炼，所以执意要买下这个油田。当时他的这个建议遭到董事会多数人的坚决反对，事后他只得说："我将冒个人风险，自己拿出钱去投资这一产品。如果必要，拿出200万或300万。"洛克菲勒的决心终于迫使董事们同意了他的决策。结果，不过两年多时间，洛克菲勒就找到了炼制这种酸油的方法，油价一下由一角五分涨到一元，标准石油公司在那里建造了全世界最大的炼油厂，盈利猛增到几亿美元。董事会的成员们最后不得不承认，洛克菲勒比他们所有的人都看得远，比他们所有的人都有更加强烈的预见能力。

大凡成功的企业家都是战略家。他们有极强的预见能力。他们的眼光是盯着未来，而不是现在。比别人多走几步，是他们成功的诀窍之一。

培养高效处理信息的能力

在信息社会中,随着传播渠道越来越发达,信息传递的速度也大大提高。谁能以最快的反应把握商机,谁就能立于不败之地。

信息的快速传递缩短了空间距离,把世界各地的市场信息紧紧地联系在一起。信息就是机会,就是财富。但是,信息所提供的机会稍纵即逝,谁能快速掌握,谁就能把握市场供需,就能获得成功,成为时代的佼佼者。对此,美籍华裔企业家王安博士提出了有名的"王安论断",他认为要在瞬息万变的时代大潮中力争上游,就要在速度上下功夫,唯有速度提高了,效率才能得到提升。

1983年,时任中国光大实业公司董事长的王光英看到工作人员为他准备的一份报告。他从报告中得知,智利一家倒闭的铜矿由于急于还债,需要处理一批二手矿车。这批矿车都是倒闭前不久矿主为加快工程进度采购的,几乎没怎么用过,而且均为名牌车,有1500辆。

王光英认为机会来了。他火速派人与矿山老板取得了联系,表示愿意买车。与此同时,一个负责购车的专家与工作人员派遣组火速成立。临行前,王光英告诉他们,要有勇气,要相信自己的判断力,不要事事请示,只要他们认为可以,就果断拍板成交。

这位矿主虽说已破产，可他对即将出手的 1500 辆车保护得很好。这些卡车载重 7 吨到 30 吨，矿主包租了一个体育场，将这些车整整齐齐地摆放开，而且让工人将所有的车都细心地涂抹了防锈油。专家组人员看到这些车后，不禁齐声赞叹。他们一丝不苟地验车，各项指标确实令人满意，派遣组人员马上开始与矿主讨价还价。矿主由于还债心切，最后双方很快以原价的八折成交了。协议刚达成，一位美国商人就来到了铜矿。

王光英的这次果敢决策，为国家净赚了 2500 万美元外汇。

试想，要是王光英面对信息犹豫不决，瞻前顾后，那批车肯定就被那位美国商人捷足先登了，2500 万美元也会进了别人的腰包。

可见，快速地对信息做出反应，高效地利用信息，才能赢得先机。速度就是效率，速度决定成败！

信息对于企业来说，有着至关重要的作用。这就要求企业员工时刻保持对信息的敏感度，并具备高效收集、消化信息的能力。

凡是忽视信息的企业，终将被日新月异的信息变化所抛弃；相反，能够高效地占有、利用信息，就能抓良好的机遇。如果对信息有着极高的敏感度，能快速地收集与消化信息，为企业的发展提供重要的信息，这样的员工，老板还离得开吗？

◎ 提高财商,你也可以成为百万富翁

要想成为百万富翁,首先要弄明白什么是财富。当然马上就会有人说,财富不就是钱吗,金光闪闪的黄金、厚厚的人民币以及巨额的银行存款。当然,我们不否认这都是财富的一种体现。而"财商"的精神要旨在于如何去管理金钱,成为金钱的主人,我们不仅要学会用钱赚钱,还要在财务安全和财务自由中体现人生的快乐,这才是理财的真谛!而这一切都需要有很高的"财商"。

如果,你也想成为百万富翁,那就着手提升你的"财商"吧!一个人要想拥有高"财商",必须掌握以下知识。

(1)基本的财务知识。很多优秀的人才,都懂得利用自己的知识和能力赚钱,但是却不懂如何把赚来的钱管好,利用钱来生钱,这主要是因为他们缺乏基本的财务知识。因此,投资的第一步就是去掌握基本的财务知识,学会管理金钱、知道货币的时间价值、读懂简单的财务报表、学会投资成本和收益的基本计算方法。只有学会这些基础的财务知识,才能灵活运用资产,分配各种投资额度,使自己的财富增长得更快。

(2)投资知识。除了财务知识以外,我们还要掌握基本的投资之道。现代社会提供了多种投资渠道:银行存款、保险、股票、债券、黄金、外汇、期货、期权、房地产、艺术品等。

若要在投资市场有所收获，就必须熟悉各种投资工具。存款的收益虽然低，但是非常安全；股票的收益很高，但是风险较大。各种投资工具都有自己的风险和收益特征。

熟悉了基本投资工具以后，还要结合自己的情况，掌握投资的技巧，学习投资的策略，收集和分析投资的信息。只有平常多积累，才能真正学会投资之道。不仅自己要多看多学，还可以参加各种投资学习班、讲座，阅读报纸杂志，通过电视、网络等媒体多方面获取知识。

（3）资产负债管理。要投资，首先要弄清楚自己有多少钱可供投资。类似于企业的财务管理，首先要做的是列出个人或者家庭的资产负债表：你的资产有多少？资产是如何分布的？资产的配置是否合理？你借过多少钱？长期还是短期？有没有信用卡？信用是否透支？你打算如何还钱？有没有人借过你的钱？还能否收回？这些问题你可能从来没有想过，但是，如果你想要具备良好的投资能力，必须从现在开始关注它们。

（4）风险的管理。天有不测风云，人有旦夕祸福，若不做好风险管理与防范，当意外发生时，可能使自己陷入困境。一个人不但要了解自己承受风险的能力，即自己能承受多大的风险，而且还要了解自己的风险态度，即是否愿意承受大的风险，这会随着人的年龄等情况的变化而变化。年轻人可能愿意承担风险但却没有多少财产可以用来冒险，而老年人具备承受风险的财力，却在思想上不愿意冒险。一个人要根据自己的资产负债情况、年龄、家庭负担状况、职业特点等，使自己的风险与收益组合达到最佳，而这个最佳组合也是根据实际情况随时调整的。

为了提高自己的"财商"，首先，要去学习，平时多浏览理财方面的书籍和报纸，相信一定会不断丰富你的投资理财知识。

其次，注意日常生活中的经济信息也很重要，比如电视、报纸、杂志等。我们每天都会接触到这样或那样的投资信息，假如你能给予一定的关注，并不断地积累和总结，相信终会有所获。

再次，实践出真知。其实我们每个人都在不同程度上进行着财务的规划和安排，随着财富的积累，年龄和经验的增长，我们的财商也在不断地提高。具备一定的"财商"后，我们参与投资的程度更深了，得到的回报更大了，更加提高了我们参与投资实践的积极性。这样从实践到理论，从理论再到实践的反复过程，使得我们的"财商"大大提高。

最后，观念或习惯是影响"财商"最重要的因素。你也许从小就养成了大手大脚的习惯，或者你已经习惯了把你的收入的大部分存入你经常去的那家银行，或者你的收入主要花在购买化妆品和招待朋友上，而人的这些习惯一时是很难改变的。

因此，要获得高"财商"，成为一个百万富翁，除了学习一些必要的财务知识，掌握市场信息和总结自己的投资实践经验外，还必须抛弃自己的错误投资观念，树立正确的投资理念，才能成为真正的投资高手。

... 第七章

增值语言资本，用卓越口才掌控人生关键时刻

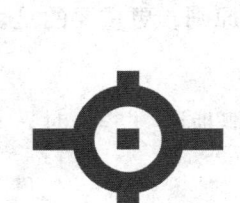

◉ 好口才是成就卓越人生的有效资本

美国人类行为科学研究者汤姆士指出:"说话的能力是成名的捷径。它能使人显赫,令人鹤立鸡群。能言善辩的人,往往受人尊敬,受人爱戴,得人拥护。它使一个人的才学充分拓展、熠熠生辉、事半功倍、业绩卓著。"他甚至断言:"发生在成功人物身上的奇迹,一半是由口才创造的。"美国资产阶级革命时期著名政治家、外交家富兰克林也说过:"说话和事业的进步有很大的关系。"无数事实证明,说话水平是事业成功的重要因素之一,口语表达的好坏直接关系到事业的成败。

我们在办公室这个有限的空间中,做得最多的事情就是与人交流,要是能掌握一些谈话技巧,就可以使自己在同事中脱颖而出,可以得到老板的赏识,同时和同事的相处也会变得融洽。

腰杆子一向正直的刘墉不仅能力强、有原则,更重要的是很机灵,让乾隆皇帝不宠爱他都不行。

有一回刘墉陪乾隆皇帝聊天,乾隆很感慨地说:"唉!时光过得真快,就快成了老人家喽!"

刘墉看着皇帝一脸的感伤,于是说:"皇上您还年轻哩!"

"我今年45岁，属马的，不年轻啦！"乾隆摇摇头，接着看了一眼刘墉问："你今年多大岁数啦？"

刘墉毕恭毕敬地回答："回皇上，我今年45岁，是属驴的。"

乾隆听了觉得很奇怪，于是就问："我45岁属马，你45岁怎么会属驴呢？"

"回皇上，皇上属了马，为臣怎敢也属马呢？只好属驴喽！"刘墉似笑非笑地回答。

"好个伶牙俐齿的刘罗锅！"皇上拊掌大笑，一脸的阴霾尽散。

很多人都有这种经验，在一个公司待上一段时间，就会发现公司里升迁很快的往往不是那些只懂得埋头苦干、一言不发的人，相反，那种技术能力稍差但是说话能力很强的人通常会受到老板的特别优待，有的甚至能连升三级。

虽然工作能力是职场上不容忽视的能力，但适当的说话技巧却能让人更有可能在职场中出类拔萃。正因为意识到这一点，越来越多的人开始重点关注谈话技巧的功用，他们还总结出一些办公室常用语，不但能帮你化危机为转机，更可以让你成为上司眼中的得力助手。

传递坏消息时的句型："我们似乎碰到一些状况……"你刚刚得知，一件非常重要的工作出了问题，此时，你应该以不带情绪起伏的声调，从容不迫地说出本句型。千万别慌慌张张，也别使用"问题"或"麻烦"等字眼，要让上司觉得事情并非无法解决。

上司安排工作时的句型:"我马上处理。"冷静、迅速地做出这样的回答,会令上司认为你是有效率、听话的好下属。

表现出团队精神时的句型:"××的主意真不错!"××想出了一个连上司都赞赏的绝妙点子,趁着上司听到的时刻说出本句型。做一个不忌妒同事的下属,会让上司觉得你本性善良、富有团队精神,因而另眼看待。

说服同事帮忙时的句型:"这个工作没有你不行啦!"有件棘手的工作你无法独立完成,适时使用本句型,让对这方面工作最拿手的同事助你一臂之力。

闪避你不知道的事时的句型:"让我再认真地想一想,3点以前给您答复好吗?"当上司问了你某个与业务有关但你不熟悉的问题,而你不知该如何回答时,千万不可以说"不知道",可利用本句型暂时解危,不过事后可得做足功课,按时交出你的答复。

遇到同事谈论不合场合的话题时的句型:"这句话好像不适合在办公室讲哦!"如果男同事的黄腔令你无法忍受,这句话保证让他们闭嘴。男人有时的确爱开黄腔,但你很难判断他们到底是无心还是有意,这句话可以令无心的人明白,适可而止。

职场中有这样一种说法,"人在职场必备 5 个 'C'"。所谓的 5 个 "C" 是指 Communication(沟通)、Confidence(信心)、Competence(能力)、Creation(创造)、Cooperation(合作),而

毫无疑问的是 Communication 名列其首。在工作中掌握交流与交谈的技巧是至关重要的。我们不仅要确定对方是否了解我们的意图，更重要的是让彼此在某个观点、某件事情上可以取得共识。这其中的沟通，依赖的就是个人沟通的技巧。因此，如何有效地沟通、表达自己的思想与见解是一个很大的学问，是决定我们在职场中是否能够成功的关键。

有的人很会向上司提意见，不仅不会使上司讨厌他，而且提好建议让上司会更喜欢他。

《北梦琐言》中说王光远是个急功近利的人，巴结上司，出入达官显贵的家。

如果某某是他巴结奉承的对象，即使这个人的诗写得一般，他也会说："实在了不起！这样的好诗哪怕是李白、杜甫也写不出来。"

对方喝醉酒，无论怎样责骂他，他不仅不生气，反而会赔笑脸。有一次，上司喝酒喝醉了，拿着鞭子说："我想要打你，怎么样？"

王光远却说："只要是阁下的鞭子，自当乐意接受。"说着他转过身子，把背部向着上司。

上司真的打了起来，可是王光远一点也不生气，依旧和颜悦色，还始终说着客套话。

同席的朋友们实在看不过去，就问他："你不懂得耻辱吗？"

王光远毫不隐讳地说："我只懂结交他有益无害。"

世人称他是"面皮厚如铁",这便是"铁面皮"一词的由来。

所以,拍马屁要讲究艺术,只图效果,搞得太露,让人感到肉麻,最后弄不好会适得其反,连被"拍"的人也接受不了,产生反感。如果是这样,还不如不"拍"的好。

当然,才干加上超时加班固然很重要,但懂得在关键时刻说适当的话,也是成功与否的重要因素。高超的说话技巧,不仅能让你的工作生涯倍加轻松,更能让你名利双收。多加强自己口才的训练,并在适当时刻派上用场,加薪与升职必然离你不远。

◆ 好口才助你平步青云

良好的口才,即有着高水平的口语表达的才能,或者说有着能打动人心的口语表达艺术和技巧。具体来说,良好的口才就是在各种口语交际实践活动中,能运用准确、恰当、得体、巧妙、有效的口语表达策略,达到特定的交际目的,取得圆满效果的口语表达艺术和技巧。良好的口才绝不是油嘴滑舌、夸夸其谈、强词夺理或巧舌如簧。

要想获得提升,就要勇于张开你的口,但是,你一定要有能使你的话深入人心的本领。

作家王了一曾经说过:"说话是最容易的事,也是最难的事。最容易,因为3岁的孩子也会说话;最难,因为最擅长辞令的外交家也有说错话的时候。"

中国自古就有诸如"一言不合,倒戈相向","一言可以兴邦,一言也可误国","病从口入,祸从口出","一句话能说得让人跳,一句话也能说得让人笑"之说,足见说话在沟通中具有举足轻重的作用。

孔子说过:"言不顺,则事不成。"说话,作为与人交流思想、沟通感情的最重要的工具,我们生活中的每一天都离不开它,沟通成功与否,是我们与人交流互助中的一种重要能力,对今后青少年的学习与工作都具有十分深远的意义。

在现代社会中,一个青年人要想获得成功,也必须学会说话的技巧,懂得语言的艺术。如果我们想在今天为明天的成功打下坚实的基础,如果我们想在明天拥有伟人般的魅力,那么就必须从现在开始培养自己的好口才。

然而,什么是好口才?口若悬河、滔滔不绝就是好口才吗?

著名语言学家王力说:"泼妇骂街往往口若悬河,走江湖卖膏药的人,更能口若悬河,然而我们并不承认他们会说话。"

只有言之得体、内涵丰富、素养上佳,游说如苏秦、张仪之人,使闻者如沐春风,欣然信受;雄辩如诸葛亮之人,明辨事理,舌战群儒,所谓"出言须涉典章,谈说乃傍稽古",一句话就扭转了乾坤,才是好口才。

简单地说,成功的语言沟通应该是:让对方明白我们所说的话、认同我们的表达方式及思维方式，从而得到自己所希望的对方在语言或行为上的反应。俗话说，一分天才，九分努力。好口才，不是天生的，而是培养出来的，是从现实中锻炼出来的，需要大家每时每刻都注意。

◆ 社交场合，善言者胜

语言作为信息传播的工具，对于社交之重要，正如骏马对于骑士的重要。

有了正确的目标，端正的态度，要想取得社交的成功，还要讲究一些方法，良好的方法是达成目标的保证。当然，社交的方法是多种多样的，其中最重要的一点，是要有一个好口才。

所谓口才，就是口语表达的能力，即善于用口语准确、贴切、生动地表达自己思想感情。随着社会交往逐渐频繁，人们越来越重视"舌头"上的功夫了。有的人讲话闪烁着真知灼见，给人以深邃、精辟、睿智、风趣之感，他们理所当然成了社交场上的佼佼者。

凡是善于说话，并能够利用其美妙的言辞引起他人注意的，使他人倾倒、使他人乐于亲近的人，在社交中将会受益无穷。

善于说话的人，不但能使不相识的人产生良好的印象，并且能广结人缘，受人欢迎。

平日的聊天是没有明确目的的即兴式交谈，因此有人认为，聊天不存在交际方面的东西。但是，聪明的人往往会利用聊天的机会，认识朋友，增进友谊，获得许多新的信息，扩大接触面。

聊天还可以调节心理、愉悦情怀，使郁闷不堪的心情在聊天中得到好转；也可以在聊天中去安慰别人，鼓励朋友，解决矛盾，加深了解。

因此，聊天也是一种交际，其深刻的交际内涵在聪明人眼里是宝藏，在愚昧的人眼里是稻草。对于如何在聊天中聊出名堂，从而达到交际的目的，善于言谈的人有他们自己独到的方式方法。

聊天从本质上说是没有什么目的的，可以海阔天空地瞎扯。但从微观来说，闲聊未必就"闲"，口才好的人能从"闲"聊中聊出感情，从而达到一定的目的。在这个过程中，他们可以掌握闲聊的方式和话题，把它变作具有目的的语言交流。

会说话的人总是有目的地选择话题。尽管聊天的范围不受限制，但是庸俗低级、格调低下、无意义与价值的话题他们一般都不谈，搬弄是非、贬抑他人的话题更是回避，对方的忌讳和缺点从不提及。

他们从不选择具有挑战性的话题。因为他们知道挑战性的话题容易引起争论，可能会使人不欢而散。他们也不会自以为是，以教训的口吻与他人交谈，不随便炫耀自己，导致别人的反感。与别人在一起聊天，他们绝不会独占鳌头，而总是使大家都有发言的机会。

可见，并不一定是在正式场合才算社交，像聊天这种轻松随意的交流也可以算作社交，一个善于言谈的人总是能在看似平平的聊天中与他人建立友好的关系。

社交成功的人往往离不开一张社交好嘴，而要说到社交口才，风趣的谈吐是必需的。幽默的语言能帮助我们与他人进行沟通和交往，还能帮助我们处理人际关系，顺利渡过困难的处境。

幽默能够帮助我们在社会交往中与他人建立一种和谐关系。当我们希望能够成为能克服障碍、具有乐观态度、赢得别人喜爱和信任的人时，它就能帮助我们达到目的。

在社交场合，当你看穿他人的想法时，不妨神色自若，然后轻松地使用幽默的谈吐。例如，西方著名喜剧女演员卡洛·柏妮，有一次坐在某餐厅里用午餐，这时有一位老妇走向她的餐桌，举起手来摸摸卡洛的脸庞。这位老妇的手指滑过她的五官，带着歉意说："我看不出有多好。""省省你的祝福吧！"卡洛说，"我看起来也没有多好看。"卡洛这一妙语，打破了双方的尴尬局面。

如果我们想要在社交生活中给人一个良好的印象，就得运用幽默的力量。不论做客或是待客，我们都要尽力以此待人。当我们进入室内，就要把幽默的力量运用出来。一个面带怒容或神情抑郁的人，不会比一个面露微笑、看来健康快乐的人更受欢迎。纽约一家著名的时装公司董事长史度兹曾经说："客人所能发出的最美妙的声音，就是笑声。"

无论何时何地，幽默都会帮你打开与他人沟通的大门，假如你要去赴朋友乔迁新居的宴会，主人也许会有点紧张，这时正是你运用幽默的力量与他开开玩笑，放松他的心情的大好机会。例如可向主人说："王小姐邀请我来的时候，告诉我说：'你只用手肘按门铃就得了。'我问他，为什么非用手肘去按不可，她说：'你总不至于空手来吧？'"

由于社交原因、政治兴趣、业余爱好，等等，我们的生活中存在着许多社会团体。而这些团体则是社会上的人所聚集的小社会。在这些社会团体中，不论你只是其中的普通一员，或者担任委员、干事、总干事、主席，等等，在聚会时你都能运用幽默的力量，从而获益匪浅。

总之，从友好的态度发出的幽默，就相当于好的仪态举止，能使我们的社交活动游刃有余，不断成功。

说话风趣，还可以使许多尴尬、难堪的交际场面变得轻松，使人不再拘谨或不安，使气氛得到活跃，使谈话者之间关系融洽，沟通人们的思想感情。比如，美国前总统里根就任总统后，第一次访问加拿大期间，他向群众发表演说，这时，许多举行反美示威的人群不时地打断这位总统的演说。陪同他的加拿大总统埃尔·特鲁多显得很尴尬，里根却面带笑容地对他说："这种事情在美国时有发生。我想这些人一定是特意从美国来到贵国的。他们使人有一种宾至如归的感觉。"里根幽默、风趣的言谈,使眉头紧皱的特鲁多顿时眉开眼笑了。

幽默是人的思想、学识、智慧和灵感在语言运用上的结晶,是瞬间闪现的光彩夺目的火花。幽默初看起来似乎是一种表面的滑稽,形式的逗笑,但实际上它是以严肃的态度,来对待对象、现象和整个世界。它能使听者对你的谈话产生兴趣。

幽默只是说话艺术中的一个部分。社交中处处都有发挥口才的空间,好口才能使社交得心应手,使你充分展现自己的魅力,从而获得更多的人脉资源。

◎ 求职面试,三分人才,七分口才

美国成功学大师戴尔·卡内基曾说:"当今社会,一个人求职的成功,仅仅有15%取决于技术知识,而其余的85%则取决于口才艺术。"由此可见好口才的重要性。好的口才,已经成为现代人谋职的必备条件之一。

1860年冬季的一天,整个伦敦笼罩在纷飞的大雪之中,街头行人稀少。然而,却有一名衣冠不整、神情忧郁的青年徘徊在一家豪宅门口。那是当时英国巨富克尔顿爵士的宅院,据说那座宅院是当时伦敦最华丽的豪宅之一。青年要求晋见克尔顿爵士,想让爵士给他一份工作,已经在那里同门卫软磨硬泡了两天,可势利的门卫就是不替他通报。面对门卫的讥嘲与恐吓,青年丝毫没有离去的意思,而是一边跺着脚驱除寒冷,一边继续等待机会。

第三天的早晨,克尔顿爵士出现了,他要去赴一个约会。青年突然出现在他的面前,诚挚地请求和他说一句话。克尔顿爵士打量了一下这位陌生的怪客,心里感到有点惊奇,这显然是个饱受穷困折磨的青年,或是出于好奇,或是出于怜悯,沉默片刻,克尔顿爵士微微地点了点头。

克尔顿爵士原本准备最多和青年谈两句话,谁知一讲就是几十句,接着一分钟过去了,一刻钟过去了,他还没有打断青年的谈话。终于在半小时之后,克尔顿爵士宣布取消赴约之行,而用隆重的待客之礼将青年请进自己的豪宅里。在克尔顿爵士的书房里,两人又亲密地交谈了一个下午。等到傍晚时分,克尔顿爵士打电话叫来了替自己执掌生意的几位高级经理,一起为青年举行了一次小型宴会,并当即为他安排了一个重要职务。

自然,那位青年后来也不负克尔顿爵士所望,在进入克氏企业的几年后,他接过克尔顿爵士的重任,坐上了董事长的位子,并且在以后的20多年里,将克氏企业发展成为举世闻名的大财团之一。

那位青年就是英国纺织业的巨头霍格。

一名穷途潦倒的青年,在半天之内,竟然获得如此令人羡慕的发展机遇，他成功的秘诀是什么呢？

正是他那流利动人的好口才。

某单位有两位司机给领导开车，由于要裁员，必须让一个人离开。于是，两人竞争上岗。第一个司机大概讲了十来分钟，说："我将来要还能开车，一定把车收拾得干净利索，遵守交通规则，要保证领导的安全，一定要做到省油……"第二个司机没用三分钟就结束了。他说："我过去遵守了三条原则，现在我还遵守着三条原则，如果今后用我，我还将遵守三条原则：第一，听得，说不得；第二，吃得，喝不得；第三，开得，使不得。我过去这样做，现在这样做，今后还这样做。"

在领导心目中，这个司机说得非常好。为什么呢？"听得，说不得"是指，领导坐在车上研究一些工作，往往在没发表之前都是保密的，司机只能听不能说，说了就是泄密。"吃得，喝不得"意思是，司机要经常陪领导到这儿开会，到那儿参观，最后总得吃饭，但是千万不能喝酒，这叫保护领导的生命安全。而"开得，使不得"就是，只要领导不用的时候，我也绝不为了己利私自开车，公私分明。这样的司机谁会不用呢？这不是会说话的效力吗？相反，不会说话很容易在竞争岗位时被淘汰。

在当今社会整体文化水平升高的环境下，才华横溢的人层出不穷，要想为自己谋求一份理想的职业已不是一件容易的事，到处都充满着激烈的竞争和挑战。要想在面试中脱颖而出，需要多种才能和"资本",而良好的口才,是所有这些才能和"资本"中最有效的一种。

我国著名高校中山大学的就业指导中心曾经举办过一场"全球500强企业——精英学子见面会"热身公开辅导讲座。该讲座主要针对从广东及泛珠三角地区万份简历中挑选出来的参加这次见面会的500名精英学子,以及部分应届毕业生。来自广州卡耐基素质培训学校两位资深顾问及讲师就"面试口才、形象礼仪"在求职中的重要性为大学生作了形象生动的讲解。

吴云川说:当众说话时,得体的形象与礼仪是一种自信的表现。说话看似小菜一碟,人人都会,但当众演讲时落落大方、言简意赅,却并非每个人都能办到。在面对各单位的面试时,有的大学生反应敏捷、措辞准确、侃侃而谈、娴熟地进行自我推销;而有的大学生则对答迟钝、怯于开口。在每一个应聘者都同样优秀的情况下——同样的学历、同样的专业,企业能对比的恐怕只有学子们的外表形象、自信程度以及对应聘企业与主考官的尊重程度。

中山大学职业发展协会有关人士说明了他们的调查结果,越来越多的在校大学生也开始有意识地注重通过各种途径努力提高自己的说话水平。广州所有高校几乎都成立了口才协会。他们通过正规的社团组织为每一个有意提高说话能力的学生提供学习和锻炼的平台,并请有丰富演讲经验的教授和校外的口才培训机构为会员上课。这种协会和口才培训班得到了广大学生的欢迎。

从广州卡耐基学校的学员比例来看，报名参加当众演讲、形象礼仪、心理素质类课程的大学生比例一直在上升，比学校开设初期提高了60%，这说明随着就业形势的严峻，越来越多的大学生意识到了口才的重要性。

不得不承认，好口才是一种立足社会的能力，一种成就卓越人生的资本。拥有好的口才，能够使你迅速说服他人，赢得考官的重视，获得一个理想的职位，使你的事业开门见喜，一帆风顺。

✛ 无硝烟的商业战场，口才是必备武器

如果我们将目光仅仅集中在商场上，情形也一样。商场是一个展示口才的好地方！商家为了自身的生存和发展，就不可能不用最好的产品来赢得市场；需要招聘人才，就得到人才市场上去招聘；需要筹措资金，就得同银行等金融机构谈判；需要采购原材料或成品，就得同供应商谈判；需要推销产品，就得同用户或消费者谈判；需要扩大产品知名度，提高企业的声誉，就得同广告公司谈判；需要引进投资，引进技术，都得通过谈判；即便是生产往来中出现了问题，向对方提出索赔或赔偿对方，也必须通过谈判解决。如此看来，这一切都离不开嘴。

某精明的商家说过这样一句话：一个成功的谈判者首先必须是一个出色的口才高手！

商场之上，风起云涌，商战轰轰烈烈。欲在竞争激烈的商场上开辟并发展出一块立足之地，商家不能不重视商务谈判。"纵横舌上鼓风雷"，商务谈判比日常生活中的谈判更富有竞争性，更富有技巧性，它关系到企业的生死存亡。

有一位企业家在与外商做生意时，因意见不同，与对方僵持不下，彼此互不相让，一时间，谈判气氛相当紧张。这时，企业家灵机一动，说道："我提个建议，我们放假一天，由我方公司做东，我们参观一下当地的名胜，晚上再到最有名的娱乐场所去轻松一下，怎么样？"主人提出邀请，客人自然不好回绝。于是，企业家带着双方人员游览了当地的名胜古迹。双方离开了枯燥、烦闷的会议室，玩得都很尽兴，尤其是双方的年轻人，已经成了朋友。当晚，企业家又带领大家来到该市最好的娱乐场所，并主动请对方女代表跳舞。接着，双方其他代表也相继走下舞池，翩翩起舞。由于近距离接触，彼此很快熟悉。

第二天，双方的敌对情绪缓和了许多，由于已经成了朋友，且对方都希望尽快达成协议，谈判进展很快。达成协议后，对方代表说："其实，我注意的不是游览、娱乐，而是通过你们对这两项活动的组织，让我看到你的属下口才能力好，办事都井井有条，进出、站立、举止与礼貌都非常规范，从中我也看到了您的管理能力、气度与精神面貌。所以，我才下定决心与您合作，我觉得这是最好的选择。"那位企业家只淡淡一笑。其实，这两项活动是他早就安排好了的。在活动中，大家应该如何说话，如何组织，怎样表现，甚至领导班子成员的舞姿都经过了训练。

　　优秀的口才，不仅可以展现你的风度与诚意，还可以使你多一个生意上的朋友，或一个潜在的客户。

　　商场谈判是一个过程，也是一种较量，是谋略的较量，也是口才的较量，不具备一流的口才是无法进入实际的谈判过程的。

　　在一场中日贸易谈判中，一开始，中方公司的一位领导一本正经地对日方代表说："非常抱歉，今天我方的另一位负责人王先生不能亲自来参加谈判了。因为不巧得很，你们的竞争对手今天也来到了，我们不得不将谈判团的人员一分为二，王先生去接待他们了。我代表本公司向诸位表示歉意……"

　　其实，根本就没有竞争对手这回事，这只不过是中方故意布下的疑阵。结果，日方谈判代表一听，十分紧张，他们担心竞争对手会将这笔生意抢走，回去不好向上司交代。中方代表抓住了他们的这种心理，步步紧逼，日方步步退让。最后，这笔生意以中方十分满意的价格成交了。

　　中方为了让对方产生一种需立刻达成协议的欲望，在推销产品的谈判过程中，恰当地给对方造成一点悬念，让他有点紧迫感，产生"现在是购买的最佳时机，否则将会错过很好的机会"的判断，最终促使他立即与中方成交。而这种虚张声势的策略没有口才的配合和展示，就是一纸空谈。

事业的成功与失败，往往取决于你的口才，取决于你在商战中所说的话，这是千真万确的，一个人在商业上的成败，常会在一次谈话中获得效果。如果你想成为富豪，必须具备应付自如的口才能力。口才，为你的经商成功鸣锣开道。

◆ 在重要的场合说合适的话是最基本的能力

在什么场合说什么话，是人们在长期交往实践中总结出来的经验。当众讲话要顾及场合，否则，再好的话题，再优美的话语，也不会产生好的效果，有时甚至会适得其反。试想，如果是在肃穆的葬礼上，像相声演员那样讲出通篇幽默的哀悼词，将会产生怎样的后果呢？所以，重要的场合说合适的话，是每一位当众讲话者最基本的能力。

生活中，人们总是在一定时间、一定地点、一定条件下进行当众讲话，在不同场合，面对不同的人、不同的事，从不同的目的出发，就应该选择说不同的话，这样才能收到理想的讲话效果。例如，在婚宴场合，你就不要讲不吉利的话题；当众作演说、作报告时，应当讲严肃的话题，而且中心思想要明确。

一对新人在一家大饭店举行婚礼，正赶上大雨，新人和客人们觉得很懊丧，婚礼气氛有点压抑。这时一位新郎的长辈正在台上发言，最后他微笑着高声说："老天爷作美，赶来凑热闹，这是入春以来的第一场好雨。好雨兆丰年，这象征着这对新人的未来是十分幸福的。雨过天晴是艳阳天，这说明今天在座的所有客人都将迎来更加灿烂的明天。我提议，为了创造和迎接雨过天晴的明天，大家干杯！"话音一落，整个餐厅的气氛发生了180度的大转弯。沉闷的婚礼场面，一下子活跃起来。

俗话说："一句话把人说笑，一句话把人说跳。"这位长辈的讲话打破了这种沉闷的气氛，正说明在重要的场合说合适的话的重要性。本来因为下雨，在场的人们心情就不是很好，这时这位长辈的一番别具新意又应时应景的讲话顿时让现场的气氛活跃起来了，同时也得到了大家的赞赏。

除了讲话内容要符合当时的气氛之外，也要注意在不同场合的称呼问题。比如现今网上流行的"淘宝体"，用"亲"称呼对方，这里的"亲"可以理解为"亲爱的"的省略语。如果用在朋友聚会上可能显得亲切友好，能拉近彼此之间的距离。但用在比较严肃正式的场合，显然就不合适了，比如在工作会议或者葬礼上，就显得浮躁、不庄重，很可能会引起听众的反感。

另外，有些场合虽然比较轻松，讲话也可以比较随意，但随意的前提是尊重在场的听众，不能想到什么说什么，讲合适的话是任何场合都应该遵守的基本原则。

某市派出所的老所长退休了,所里为他举行了一次欢送会。其间,作为新所长的赵兴代表所有人发表讲话,赵兴也不负众望,不仅大力赞扬了老所长以前的光荣事迹,也恰到好处地表达了不舍之情。最后他突发奇想,想来个幽默结尾,就指着餐桌上一道炸田鸡说道:"老所长就像这道炸田鸡,生前是功臣,保护庄稼,这老了之后,还是一道美食供大家享用,可谓鞠躬尽瘁,死而后已啊……"但是,这段话不仅没有带来预想的幽默效果,还让老所长沉下了脸色。

之所以造成这样的后果,就是因为赵兴说话不看场合,这是老所长的欢送会,并不是追悼会,拿田鸡的生前、死后与老所长的退休前后作比,显然不妥当。

要知道,脱稿讲话的人在任何场合都有其特定的身份,这种身份也是自己当时的"角色"。在工作场合,讲话者应该更加严肃地汇报工作;在社交场合,讲话者的话语应该更加幽默和风趣;在商务场合,讲话者要依据当时的情况而定,无论是东道主还是客人,都有特定的讲话原则。

总之,在脱稿讲话时,要注意场合,增强场合意识,懂得在不同场合对说话内容和方式的特定限制和要求,并时时不忘看场合说话。倘若在面对公众讲话的时候,没有考虑到场合,说了不该说的话,不仅让自己成了别人的笑柄,还会带来更多的麻烦,所以要谨慎地对待。

脱稿讲话提升自信，增强气场

在现实生活中存在着这样一种现象：有一些人各方面的能力都很优秀，唯独不敢在众人面前进行脱稿讲话，每当让他们讲话时，他们都紧张不已，甚至有的人还会选择逃避……其实，这样的情况不仅体现在这些优秀的人身上，每个人都或多或少恐惧当众讲话，尤其是那些性格内向的人，平时就不太爱说话，不愿意与人交流，在让其当众讲话时更加恐惧。因为他们不知道应该说些什么，或者怎样去说，一遇到需要发言的场合就闪闪躲躲，不愿意去面对，越是恐惧害怕越是不敢讲，久而久之，这种当众脱稿讲话的能力就会越来越弱，甚至会失去。

这就和练习英语听力的状态差不多，如果不经常练习，英语听力的水平一定会下降，而它导致的结果就是害怕听力考试。脱稿讲话也是一样，越是不开口说，不练习，越不知道怎么说，也就越害怕遇到这种场合，时间长了，这种能力自然就会弱化。

李晓燕的性格很内向。她小时候在农村跟外祖母一起生活。外祖母觉得她父母不在身边，生怕她受委屈，因此对她是百般疼爱。因为从小的生活环境所致，李晓燕接触到的人不多，与人交往也少。偶尔与周围的邻居说话都脸红，更不用说面对一群人展示自我了。

有一次，全校组织演讲比赛，需要每一位学生都积极参加，李晓燕不可避免要面对当众讲话的场合。她上台前就感觉非常紧张，害怕一下面对那么多人，不出所料她刚站在台上就脸红了，接下来的演讲自然也没有成功，紧张和恐惧的心理让她没说几句就匆匆地下台了。后来，只要是遇到当众讲话的场合，她就找各种理由推脱，从来不试着去锻炼自己。

参加工作后，因为自己不善言谈，人际关系也不是很好，但她想的是，自己作为普通的职员，只要做好自己本职工作就可以了。可没想到的是，当众讲话无处不在。比如，平时需要向领导汇报工作，给同事们介绍工作情况，等等。而李晓燕每次遇到这样的场合都紧张不已，始终克服不了这个缺点。

故事中李晓燕选择逃避讲话是非常不理智的做法。因为当众讲话这种事会伴随着一个人的职业发展悄悄地来到人们面前，逃避是解决不了任何问题的。更重要的是，不常开口讲话的人说话能力也会弱化，每当遇到人多的场合就不知道说什么，然后就会因为没有底气而害怕遇到这些场合，甚至只要一想到需要当众讲话，就会非常恐惧和忧虑。越恐惧越不敢说，越不敢说越不会说，长此以往，就形成了不敢说的恶性循环。

我们要想不断提高自己的讲话能力，就要学会正视自己面临的问题，在平时多说、多练。只有反复练习，不断地提高自己讲话的能力，才能熟能生巧，练就出色的口才。

美国前总统林肯出身于农民家庭，当过雇工、石匠、店员、舵手、伐木工等，社会地位卑微，但从不放松对口才的训练。17岁时他常徒步48千米到镇上,听法院里的律师慷慨陈词的辩护;听传教士高亢悠扬的布道;听政界人士振振有词的演说,回来后就寻一无人处努力模仿演练,终于练就好口才。林肯经常会为准备某次演讲而面对光秃秃的树桩和成片的玉米,一遍又一遍地试讲。正是因为如此,林肯最终成了著名的演说家。

林肯无论是在平时生活中,还是工作中,都在练习说话,提高自己的口才。所以,我们要想提高自己的口才,面对脱稿讲话毫不怯场,就要注意平时多练习。

其实,不敢当众开口说话还有一个重要的原因就是自卑心理。因为内心自卑,所以在当众讲话时总是忧虑这个,恐惧那个,怕自己说错话会闹出笑话,担心自己的紧张会给他人留下不好的印象。怯场者也希望能够在众人面前展现自己的风采,可是偏偏又突破不了自己的心理障碍,总是想着自己讲不好而不试着去锻炼,这也逐渐让自己的说话能力变得越来越弱,也越来越恐惧面对公众说话的场合。所以,要想提高自己的讲话能力,就需要克服自卑心理,实现自我突破。唯有如此,才能让自己演讲更出色。

综上所述,我们知道,要是不常开口说话就会造成能力弱化或者场合恐惧。所以,要想练习脱稿讲话的能力,首先要勇于克服自卑心理,经常练习,这样才能让我们越来越愿意讲话,逐渐培养起讲话的自信。

···第八章

和优秀的人共用能量，借助外力为成功加速

在朋友的帮助下快速走向成功

"在家靠父母,出门靠朋友",这句话已经被演绎成各种形式的奇闻趣事,但万变不离其宗,一句话:朋友多了路好走。朋友,是你生命中投缘的贵人,当你身处逆境的时候,他们会像神一样降落在你的面前,给你温暖,给你阳光,给你希望;他们还会像盘古开天辟地的那把斧一样,帮你斩断荆棘,凿开绊脚石;他们又像你的守护神,时刻关注着你,等候着你,这就是朋友的力量——威力无穷!

在朋友的帮助下去闯天下,这绝对是一条捷径。

十几年前的刘利柱还是一个来自河北的穷小子,他的命运转机由他20岁那年决定进京闯荡开始,由最初的白手起家,到现在的雄厚资产,他可谓是赢得了事业上的成功。如今,他又和另外一家民营公司合作,打算拓展国外市场。有人不禁要问:一个来自河北的穷小子,是如何白手起家,取得如此成功的?套用他自己的话就是"我能有今天,靠的都是朋友的帮助"。的确,是人脉造就了他的成功。

刚到北京,刘利柱被朋友推荐去一家珠宝公司任职,负责在广州筹建业务。在工作期间,他认识了第一批广州朋友,其中有很多都是在广州的香港人。在这些朋友的介绍下，他加入了广州香港商会。又经推荐当上了香港商会的副会长。利用这个平台，他认识了更多的在广州工作的香港成功人士。

后来，刘利柱在朋友的推荐下开始投资房地产。当时广州的房地产已经开始火热起来，有时候即使排队都买不到房子。但在朋友的帮助下，刘利柱很容易买到房子，而且还是打折的。几年后，在朋友的建议下，刘利柱又陆续把手上房产变现，收益颇丰。正如他自己总结的，"我之所以会这么顺利，正是得到了朋友的帮助"。

上述事例说明，朋友犹如鸟之羽翼，车之四轮，能够助你轻松飞上高空，快速驶向成功的顶峰。

一个人在外打拼实在不易，朋友的帮助就如雪中送炭，正所谓"多个朋友多条路"。因此，在日常的生活中，一定要注意多结交朋友，在朋友的帮助下，加速走向成功。

◈ 善于借用他人的智慧

俗话说："一个篱笆三个桩，一个好汉三个帮。"还有句古话说："三个臭皮匠，胜过一个诸葛亮。"个体不同，就各有各的优势和长处，一定要善于发现别人的优势和长处，取人之长，补己之短。

一个人不能单凭自己的力量完成所有的任务，战胜所有的困难，解决所有的问题。须知借人之力也可成事，善于借助他人的力量，既是一种技巧，也是一种智慧。

《圣经》中有这样一则故事：

当摩西率领以色列子孙前往上帝那里要求赠予他们领地时，他的岳父杰罗塞发现，摩西的工作量实在超过他所能负荷的。如果他一直这样的话，不仅仅是他自己，大家都会有苦头吃。于是杰罗塞就想办法帮助摩西解决问题。他告诉摩西，将这群人分成几组，每组1000人，然后再将每组分成10个小组，每小组100人，再将100人分成两组，每组50人。最后，再将50人分成5组，每组10个人。然后杰罗塞告诫摩西，要他在每一组选出一位首领，而且这个首领必须负责解决本组成员所遇到的任何问题。摩西接受了建议，并吩咐负责1000人的首领，只有他才能将那些无法解决的问题告诉自己。自从摩西听从了杰罗塞的建议后，他就有足够的时间来处理那些真正重要的问题，而这些问题大多数只有他自己才能够解决。简单一点说，杰罗塞教给摩西的，其实就是要善于利用别人的智慧，善于调动集体的智慧，用别人的力量帮助自己克服难题。

很多事情就像上述例子里那样，当我们无力去完成一件事时，不妨向身边可以信任的人求助，也许对我们来说费力不讨好的事情，对他们来说却可能不费吹灰之力就能轻松"搞定"。与其自己苦苦追寻而不得，不如将视线一转，求助那些有能力解决问题的人，这样赢取胜利的过程自然会顺利不少。

一个小女孩在沙滩上玩耍。她想在松软的沙滩上修筑公路和隧道时，发现一块很大的岩石挡住了去路。小女孩企图把它从泥沙中弄出去。但是，那块岩石对她来说太重了，她手脚并用，使尽了全身的力气，岩石却纹丝不动。最后，她筋疲力尽，坐在沙滩上伤心地哭了起来。

整个过程，她的母亲在不远处看得一清二楚。"女儿，你为什么不用上所有的力量呢？"女孩抽泣道："妈妈，我已经用尽全力了，我已经用尽了我所有的力量！"

"不，孩子，你并没有用尽你所有的力量。你没有请求我的帮助。"说完，母亲弯下腰抱起岩石，将岩石扔到了远处。

同样一块石头，对于小女孩来说是无法搬动的巨石，而对于母亲来说只是一个小石块。同样，生活和工作中很多事情，在我们看来相当困难，但对另一些人来说却轻而易举，因为每个人都有自己的优势领域和劣势领域，要懂得借别人的优势来弥补自己的劣势。

不要羞于向别人求助，有时对自己来说是天大的难事，对别人而言不过只需要动动手指头就能解决。尤其对自己所欠缺的东西，更需要多方巧借。善于借助别人的力量，善于利用别人的智慧，广泛地接受多家的意见，多和不同的人聊聊自己的构想，多倾听别人的想法，多用点脑子来观察周遭的事物，多静下心来思考周遭的一些现象，将让你受益匪浅。

正如奥地利著名作家斯蒂芬·茨威格所说:"一个人的力量是很难应付生活中无边的苦难的。所以,自己需要别人帮助,自己也要帮助别人。"所谓孤掌难鸣,独木不成桥,在这个世界上没有完美的、全能的人,巧妙地借助他人的力量为我所用,自然会有事半功倍的效果。

◆ 团队合作才会成功

有一些人,只工作不合作,宁肯一头扎进自己的专业之中,也不愿与周围的人有所交流。这样的人,想靠单打独斗把自己带到事业的顶峰是不可能的。因为,当你费了九牛二虎之力在专业上有所突破的时候,人家早已遥遥领先,你的心血也就随即变成"昨日黄花"了。

当今时代是市场经济时代,市场经济是广泛的交往经济,每个人都离不开与各种类型人的合作;当今时代又是竞争的时代,我们只有选择合作,才能成为最具竞争力的一群人。

一家销售公司招聘高层管理人员,9名应聘者经过初试,从上百人中脱颖而出,闯进了由公司老总亲自主持的复试。

老总看过这9个人的详细资料和初试成绩后,相当满意,而且,此次招聘只能录取3个人,所以,老总给大家出了最后一道题。

老总把这9个人随机分成A、B、C三组,指定A组的3个人去调查本市婴儿用品市场;B组的3个人调查妇女用品市场;C组的3个人调查老年人用品市场。老总解释说:"我们录取的人是用来开发市场的,所以,你们必须对市场有敏锐的观察力。让大家调查这些行业,是想看看大家对一个新行业的适应能力,每个小组的成员务必全力以赴!"临走的时候,老总补充道,"为避免大家盲目开展调查,我已让秘书准备了一份相关行业的资料,走的时候自己到秘书那里去取!"

两天后,9个人都把自己的市场分析报告送到了老总手里。老总看完后,站起身来,走向C组的3个人,分别与之一一握手,并祝贺道:"恭喜3位,你们已经被本公司录取了!"然后,老总看见大家疑惑的表情,呵呵一笑,说:"请大家打开我叫秘书给你们的资料,互相看看。"原来,每组每个人得到的资料都不一样,A组的3个人得到的分别是本市婴儿用品市场过去、现在和将来的分析,其他两组的也类似。老总说:"C组的3个人很聪明,互相借用了对方的资料,补全了自己的分析报告。而A、B两组的6个人却分别行事,抛开队友,各做各的。我们出这样一个题目,其实最主要的目的,是想看看大家的团队合作意识。A、B两组失败的原因在于,他们没有合作,忽视了队友的存在。要知道,团队合作精神才是现代企业成功的保障!"

例子里C组的3个人,就是因为彼此的合作,最后才都获得了工作的机会。

古往今来，孤立的人都无法取得成功，真正成就一番事业的人都善于与他人密切合作。因此，一定要着力追求和培养把个人的创造力融入集体协作的合作精神，这样才会更受成功的眷顾，让成功来得更早。

◆ 同行要竞争，更要合作

不少人觉得同领域的竞争对手就是自己的冤家，他们不仅会互相排斥，还非要争个你死我活才肯罢休。

其实在同行业之间，竞争能够催人奋进，合作也有利于在互惠互利的基础上达成共赢，为大家创造一个良好的经营空间和利润空间。

李艾在市里一条步行街上开了一间书店，开张3个月后，生意还算不错。可惜好景不长，一个姓裴的商人很快就在街角也开了一间书店，一份生意两家做，自然就没有当初那么赚钱了。于是两家书店打起了"价格战"，两个老板相见眼睛就冒火。

两个月后，李艾拿起计算器一算账才发现，两个月来，劳心劳力却利润微薄，几乎成了赔本买卖，想来对手也好不到哪里去，不过生意可不能这样做下去了，他决定与同行和解。两人一商量，裴某提出了个建议：两家书店尽量避免进同类图书，这样就不会出现恶性竞争了。半年下来，两家书店都有赢利，两个老板也成了不错的朋友。

摩根说："竞争是浪费时间，联合与合作才是繁荣稳定之道。"这正是上述事例的真实写照。在现代竞争中，联合竞争对手，共同发展是一种策略，双方为了共同利益携起手来，齐头并进，达到双赢的目的。

比如，有肯德基的地方，基本都有麦当劳，它们是竞争关系，但是，我们没有看到什么时候肯德基发动过什么"战役"把麦当劳给消灭了，也没有看到麦当劳采取什么措施让肯德基站不住脚，相反，它们在互相竞争中促进彼此的进步，同样共同培育了各自的市场。

20世纪90年代的彩电价格大战，在某种程度上就是大家为了垄断市场而起。当年的长虹举起价格屠刀，大杀四方，随后创维、TCL、康佳等企业也不甘示弱，纷纷跟进，一时间烽烟四起。最后，大家都无钱可赚。

从上面的案例中可以看出，恶性竞争有百害而无一利，要想让自己获得长久的利益，就必须掌握双赢的技巧。在这方面，犹太人是运用得最为炉火纯青的，他们信奉"互为依靠，有钱一起赚"的赢钱之道。所以，在充满竞争的现代市场中，我们要努力遵从以下经营理念：

（1）现代社会，提倡竞争，鼓励竞争，但竞争的目的是相互推动，相互促进，共同提高，一起发展。

（2）两军对垒，你死我活，非胜即败。在市场竞争中，谁都想胜不想败。说市场竞争的各公司是"敌手"，因为他们在彼此竞争中带有以下性质：一是保密性，竞争者在一定阶段一定情况下，都有一定的保密性；二是侦探性，竞争者几乎都在彼此刺探情报，以制定战胜对方的策略；三是获胜性，竞争诸方无一不想胜利，都想获取一定利润，让自己的产品占领市场；四是克"敌"性，假若市场不能容纳全部竞争者，任何企业都想保存自己而"灭掉"对方，即使市场能容纳全部竞争者，他们也还是都想以强"敌"弱。

（3）虽然竞争公司间有点像战场上的"敌手"，但就其本质来说是不一样的。这是因为：公司经营的根本目标是为社会做贡献，公司的产品是满足社会的需要，公司赚的钱也被国家、公司和员工三者所用，公司间的竞争手段必须是正当合法的，在这种意义上讲，公司之间完全可以相互帮助、支持和谅解，应该是朋友。

（4）市场竞争是激烈的，同行业公司之间的竞争更为激烈。竞争对手在市场上是相通的，不应有冤家路窄之感，而应友善相处，豁然大度。这好比两位武德很高的拳师在比武，一方面要分出高低胜负，另一方面又要互相学习和关心，胜者不傲，败者不馁，相互之间切磋技艺，共同提高。

（5）在市场竞争中，对手之间为了自己的生存发展，竭尽全力与对手竞争是正常的。但是，在竞争中一定要运用正当手段,也就是说,只能通过质量、价格、促销等方式进行正大光明的"擂台比武",一决雄雌,切不可用鱼目混珠、造谣中伤、暗箭伤人等不正当手段。

(6)天高任鸟飞,海阔凭鱼跃。市场是广阔的、多元的,一个有灵敏头脑的老板,在已挤满人的康庄大道上,不必因为自己受排挤而妒火中烧,应果断地避开众人,踏上冷僻的羊肠小道,经过一番跋山涉水的艰辛,照样可以到达光辉的顶点。

(7)在现代社会条件下,市场形势是瞬息万变的,市场形势此时可能对甲企业有利,彼时又可能对乙企业有利。所以,我们应"风物长宜放眼量",不可以一时胜负论英雄,更不可以一时失利而迁怒于竞争对手。

所以说,同行之间不仅要竞争,更要合作双赢。依靠对手的力量,将眼光放远,舍小利逐大利,才能取得最大的利润。

◎ 与强者建立合作关系

西方有句古谚说:"狮子和老虎结了亲,满山的猴子都精神。"这句话的意思是说,与强者建立互利的伙伴关系会产生焕然一新的新景象。

在追逐成功的过程中,这句谚语同样适用。面对强者,最聪明的做法莫过于变对手为援手,由原来的敌对变成互利。

温州的立峰集团就是一个具有说服力的例子。

在温州，立峰集团一开始只是一个生产摩托车闸把座的小厂，老板张峰因开发出防腐性能超过日本标准并填补国内空白的摩托车闸把座，而得以在摩托车制造行业中占得一席之地。当这一产品成为日本进口件的替代品，得到了国内市场的认同之后，张峰争取到了中国最大的摩托车生产企业——中国嘉陵集团的合作合同。

其后，张峰凭借自己建立起来的良好的信誉，寻求与嘉陵集团更深层次的合作。1992年，双方达成协议，共同出资建立瑞安嘉陵立峰摩托车配件有限公司，该公司的注册资金为600万元，由嘉陵集团投资180万元，占总股本的30%，公司专为嘉陵集团生产摩托车闸总成零部件。

自从与中国摩托界的巨头合作后，立峰集团产值在3年时间内翻了一番，规模与效益扩大了10倍。在此基础上，张峰又提出将配件生产扩大为整件生产，从而利用了嘉陵集团的技术优势与品牌优势，开发出各种类型的嘉陵立峰摩托车。这些摩托车主要用于出口。通过这种合作关系，嘉陵和立峰双方都获得了利润。

在嘉陵集团方面，得以降低了生产成本，取得了符合质量要求的配件和整车；而在立峰方面，除获得利润外，还获得了先进的生产技术和品牌知名度，企业的壮大发展也上了快车道。它不仅拥有了摩托车整车的生产技术和经验，而且拥有了产品进入市场所不可或缺的资金和先声夺人的声势，还拥有了摩托车销售的既成渠道，可谓"一石三鸟"。

及至一切条件都已成熟，由立峰公司独立开发生产的大排量、高档次的重型摩托车"大地摩王"面世了，并迅速通过了技术鉴定，获得了摩托车生产许可证。从一家生产摩托车零件的小工厂发展成为摩托车市场中的一个巨头，这其中不能说没有嘉陵的功劳。

正是与强者嘉陵建立了互利的伙伴关系，才有立峰的今天。

我们生活在这个社会上，难免要和其他人合作，一幢房子，一个人建不了；一场球赛，一个人打不了；一家企业要发展，一个人做不了……合作是成功的土壤，是人类生存的必需条件，而与何种人建立合作的伙伴关系，是强者，还是弱者？聪明的商人，当然会毫不犹豫地选择与强者建立互利的伙伴关系。

当然，与强者建立伙伴关系并不是一件容易的事，需要你找准与他们的利益交会点。若无利可图，谁也不会和你合作。生意的本质就是在公平的基础上达到互惠互利。

随着社会的发展，每一个个体都将与其他个体建立互惠关系，这样整个经济才会大步迈进，而人均财富的差距也将开始慢慢缩小。违背市场发展规律和不适合市场发展环境的人都将被市场所淘汰。任何竞争中都不会有输家，唯一的输家将是退出竞争的人。在互惠关系确立之后，所有的个体都是赢家，互相受益。

而与强者建立互利的伙伴关系，正是这种市场互惠关系的一种。无论市场发展到何时，必须承认，相对强大和相对弱小始终是存在的，弱者要保证自身不为强者所吞食，就必须与强者建立各取所需的互惠关系。

⊙ 提高你朋友圈的"含金量"

谁都不是孤立地生活在社会中。在生活中，我们难免会形成这样或者那样的关系，比如父子关系、朋友关系、夫妻关系；在工作中，我们也要处理同事之间的关系、上级和下属之间的关系。在处理这些关系的过程中，我们会形成自己的人际关系。

有的人认为自己的能力强，就不需要拥有人际关系。其实这样的想法是错误的，对于这样的人，社会将给予忠告：只依靠个人的力量取得成功的人，一定会付出超乎常人的代价。

有的人认为自己已经积累了很多财富，无论精神上还是物质上，都十分富足了，不需要再考虑建立人际关系。这样的想法也是不对的。世界每天都在变化，你不可能每天都生活在自己的小世界里而不与外界接触。即使你没有什么需要求助于别人，但你还有父母、亲戚、朋友、子女，你不能保证他们也不需要你为他们做任何事情。

在生活中，财富固然重要，可是储存黄金远远不如储存人际关系重要。因为黄金是不可再生资源，花掉了，用完了，也就消失了，但是人际关系不一样，你完全可以利用它创造更多的价值。有了人际关系，你可能会有更大的发展，你的人生也会因为认识了越来越多的人而变得更加广阔。

每个人身上都有优点，如果将身边每一个人的优点集中起来，其力量将是无穷的。可是，生活中很多人并没有认识到这一点，他们紧紧地锁住自己。他们不知道，当他们集中精神只守着自己的那一小块田地的时候，已经失去了由人际关系构建起来的更为广阔的沃土。

有一个美国人叫凯丽，她出身于贫穷的波兰难民家庭，在贫民区长大。她只上过6年学，也就是只有小学文化程度。她从小就干杂工，命运十分坎坷。她13岁时，看了《全美名人传记大成》后突发奇想，打算直接与名人交往。她的主要办法就是写信，每写一封信都会提出一两个让收信人感兴趣的具体问题。许多名人纷纷给她回信。此外，她还有另外一个办法，凡是有她所仰慕的名人到她所在的城市来参加活动，她总会想办法与名人见上一面，只说两三句话，不给对方更多的打扰。就这样，她认识了社会各界的许多名流。成年后，她有了自己的生意，因为认识很多名流，他们的光顾让她的店人气很旺。最后，她不仅成了富翁，还成了名人。

由此可见，你若想成功，就必须有很多人支持。任何只想依靠自己的能力获得发展的人，都将承受更大的压力，受更多的苦。所以，不要再执迷于自己的力量，从现在开始储备你的人际关系吧。若干年以后你就会发现，这些人际关系为你的人生创造的价值，已经远远超过了储备黄金所创造出来的价值。

◎ 情感的投资才会有大回报

生活在现实社会中的人，表面上看一个个都是孤立的、具体的，许多人之间似乎并不相干。但只要对具体的人进行考察，就不难发现，每个人都有亲属、同事、上下级关系，处在人际关系之中。每个人总是要应付和处理人际间的各种关系。也正是这些人际间的悲欢离合、冷暖亲疏，构成了一幅幅生动活泼的人间画卷，组成了纷繁复杂的人类社会。

人到哪里，社会关系便延伸到哪里，离开社会关系，人这个"纽结"就不会存在；而离开人这个"纽结"，社会关系也无法形成。总之，人生活在社会中，社会关系由人际交往构成。

这种以人为"纽结"织成的人际关系在历史片《走向共和》中表现得淋漓尽致。晚清政治实权人物的一脉相承——穆彰阿（道光时首席军机大臣）提携曾国藩，曾国藩举荐李鸿章；张之洞（光绪末重臣）归从胡林翼（光绪末重臣），翁同龢（光绪初重臣）的父亲是翁心存（同治重臣）。

人是社会性动物，离开了周围的环境和朋友，人就无法再作为人类的一分子而生存下去。印度的一则关于"狼孩"的真实案例就说明了这个道理。

20世纪70年代,在印度的一个村子里,人们在打死野狼后,在狼窝里发现了两个由狼喂养的孩子,其中大的有七八岁,小的约2岁,他们被救助后送到一所孤儿院抚养。他们被发现时,生活习惯与狼一样:用四肢行走,白天睡觉,晚上出来活动;怕火、怕光、怕水;不食素而吃肉(不用手拿,直接放在地上用牙撕开吃);不会讲话,每到午夜后像狼一样引颈长嚎。小"狼孩"在第二年死去。大"狼孩"经过7年抚育才学会45个词,勉强学会几句话。大"狼孩"死时估计已有16岁左右,但其智力只相当于三四岁的孩子。

这个故事告诉我们,人如果离开社会,就像种子离开土壤、阳光和水分,永远不可能开花结果。狼孩之所以没有人的特性,原因就是他们从小与狼生活在一起,没有经过人类社会化。这就充分说明了人际交往的重要性。

人与人之间的交往是联结人类社会的纽带。不论是学习、工作,还是传播文化、交流思想、互通信息,人类的许多生活程序都是靠交往这一手段来完成的。

人类的社会活动过程,就是一个交往的过程。每个人都生活在人际关系中。所以,任何人都必须与人交往,必须有自己的朋友,这样的人生才是真正有意义的、完整的人生。

◉ 良好的人际关系很重要

不管你是一个什么样的人，如果想打开自己的人生局面，就离不开与各种各样的人打交道。人帮人，办起事来才会顺利，人的事业才会发达。而那些成大事者总能够与别人相处得特别融洽，这到底有什么秘诀？

在你认识的朋友当中，有人会特别有魅力。对于这样的人，你不禁感叹地说："他把人都吸引到自己身边了！"真是一语中的。人并非强迫他喜欢谁，他就会喜欢谁。成大事者之所以能与各种人相处融洽，关键就在于他了解一般人所共同需要的两大基本渴望。利用好它们，就能与人很好地相处。

首先，要做到容纳。每个人都希望自己能够被周围的人接受，能够轻松地与形形色色的人相处。在一般情况下，与人相处时，很少有人敢于在别人面前完全地暴露自己的一切。所以，倘若有一个人能让你感到轻松自在、毫无拘束，你就会很愿意和他在一起，也就是说，我们希望和能够接受自己的人在一起。专门挑毛病的人，没有人愿意与之做朋友。

因此，我们切忌设定标准，叫别人的行动合乎自己的准则。请给对方一个保持自我的权利，即使对方有一些毛病也无妨。要让你身旁的人感到轻松自在，这才是最重要的。

但是，并不是每个人都能很好地包容别人。有人曾经向一位有名的精神科医生请教人际关系中的包容问题，他说："如果人人都有包容的雅量，那我们就失业了！精神病治疗的真谛，在于医生们找出患者的优点，接受它们，也让患者自己接受自己。医生们静静地听患者的心声，他们不会以惊讶、反感的道德式的说教来批判。所以患者敢把自己的一切讲出来，包括他们自己感到羞耻的事与自己的缺点。当他觉得有人能容纳、接受他时，他就会接受自己，有勇气迈向美好的人生大道。"

人们都想获得别人的认可，从中可以感受到向上的力量。

有一天，一位父亲带着他自认为是无可救药的孩子到心理学家那里去寻求帮助。那个孩子已经被严重灌输了自己没有用的观念。刚开始，他一言不发，无论心理学家怎么询问、启发，他都不开口。这使得心理学家一时之间无从着手。后来心理学家在与他父亲的交谈中找到了医治的线索。他的父亲坚持说："这个孩子一点儿长处也没有，我看他是没指望、无可救药了！"

心理学家与他交谈，慢慢地找出了他的长处，即擅长雕刻。可以说他在这方面具有聪颖的天资，还颇有高手的意味。他家里的家具全被他刻伤，到处都是刀痕，因而常常受到父亲的惩罚。心理学家买了一套雕刻工具送给他，还送给他一块上等的木料，然后教给他正确的雕刻方法，并不断地鼓励他："孩子，你是我所认识的人当中，最会雕刻的一个。"

从此以后，他们接触得频繁起来，随着了解的加深，心理学家又慢慢地找出其他事项来鼓励他。有一天，这个孩子竟然不用大人吩咐，主动去打扫房间。这件事，使所有人都吓了一跳。心理学家问他为什么这样做。

他回答说："我想让老师您高兴。"

由此可见，人们都渴望他人的认可，而要满足这个欲望并不难。总之，一个人如果能够容纳别人，能够认可别人，他的周围就一定会聚集许多的朋友，这也正是那些成大事者有好人缘的秘诀。看看莫洛是如何成功的吧。

莫洛是美国摩根银行股东兼总经理，当时他的年薪高达100万美元，忽然有一天，他放弃了这个人人钦羡的职务，改任驻墨西哥大使，因此震惊了全美国。

这位莫洛先生，最初不过是一个法院的书记，那他为什么后来有如此惊人的成就呢？

莫洛一生中最大的转折点，就是他被摩根银行的董事们相中，一跃而成为商业巨头，登上了摩根银行总经理的宝座。据说摩根银行的董事们选择莫洛担此重任，不仅因为他在企业界享有盛名，更是因为他善于与各种人打交道，并具有极佳的人缘。

凡特立伯曾任纽约市银行总裁，他在雇用任何一位高级职员时，首先要探听的便是这人是否善于与形形色色的人打交道。

有些人生来具有较强的人际交往能力，他们无论对人对己都非常自然，轻易就能获得他人的好感。而我们应该为建立一个好的人际关系而努力。不要忘了，良好的人际关系是你最大的资产。要想成大事，就必须善于和形形色色的人打交道。

多一分人缘，就会少一些烦恼。生活是个大舞台，每个人都在扮演着不同的角色，又不停地变换着角色，各个角色之间时刻进行着各种各样的人际交往。有了好的人缘，你就可以活得轻松自在、潇洒自如，塑造一个完美的人生。

◎ 只有优秀的人才能"拉你一把"

生活中人们难免会有这样的感慨：为什么有的人学富五车，却没有得到成功的眷顾，而那些能力稍差的人，却干出了一番事业。难道是上帝在保佑他们？可仁慈的上帝对他的孩子们都是公平的，他绝不会偏袒任何一个人。到底是哪里不同呢？其实那些学富五车却没能成功的人很可能是败在了人际关系上。

学富五车的人都不愿意自己的才能被埋没，都希望避免怀才不遇的窘境。但是如何才能避免怀才不遇呢？那就需要广交朋友，让好人缘带我们走向一条康庄大道。

金庸笔下的郭靖想必大家都知道，他虽然不机灵，但还是成了天下人人佩服的大英雄。看看这位"靖哥哥"周围的人，我们就能知道他成功的秘诀了。郭靖的师父不下 10 位，既有以侠义闻名的"江南七怪"，擅长内功心法的马钰道长；又有武功盖世的洪老帮主，童心未泯的周伯通，更不用说聪明过人的奇女子黄蓉，等等。正是这"多元化"的师资组合，使他站在了尖子们的肩膀上,"笨"得像木头一样的郭靖终成一代大侠。郭靖虽然头脑不灵活,但他懂得,独腿走不了千里路,要真正在江湖上闯出一条路来,必须兼收并蓄,集众家之长,这就是他取得成功的关键——汲取人际关系的巨大作用成就自己。

郭靖可谓是赢在了人际关系上。然而如今,怀才不遇却好像成了很多年轻人的一种通病,他们的普遍症状是:牢骚满腹,喜欢批评他人,有时也会显出一副抑郁不得志的样子。

当然,这类人中有的的确是怀才不遇,由于无法适应客观环境,从而导致被埋没。但为了生活,他们又不得不委屈自己,所以生活得十分痛苦。

难道现实中有才的人都如此吗?不,尽管有时会出现千里马无缘遇伯乐的情况,但如果你真是一匹千里马,就应该知道伯乐对你的重要性。一次错过伯乐,并不代表你永远会错过他,只要你肯努力寻找,就一定会看到他的身影。

在现实生活中,并不是所有的怀才不遇者都是因为遇不到伯乐,而是因为他们没有处理好与他人的关系,致使他人挡住了伯乐发现他们的视线,让他们错过了发挥自己才能的机会。

孟宁是名牌大学的毕业生,尽管参加工作不久,但是头脑灵活、能力出众,唯一的不足就是不会用心去维护与同事之间的关系。有时候,同事之间相约出去玩,叫她一起去的时候,她总是表现出不耐烦的样子,用极其生冷的话拒绝别人。有同事要她帮忙的时候,她也认为是不值得做的事情,不屑于浪费自己的时间。

由于公司经营上的变动，总经理希望在公司内部找到一个能力出众的人来担任他的专属秘书。这样的机会很难得，因为总经理的秘书通常都是外聘的。总经理想到了平时表现很好的孟宁，觉得她有足够的能力胜任秘书一职，可是当总经理对孟宁进行最后的审核的时候，所有人都投了反对票，因为大家都认为，一个不懂得维护同事关系的人，就不会懂得维护与高层甚至客户的关系，这对公司的发展会产生不好的影响。

　　总经理采纳了众人的意见，孟宁失去了这次很好的发展机会。

　　在生活中，有才的人常自视清高，看不起那些能力和学历比较低的人，但如今的社会并不是你有才气，就能成大器。不注意人际关系的维护，将自己孤立在一个人的小圈子里，那么最终你只能变成一个怀才不遇者。

　　所以，要想施展才华，一定要注意两点，首先，要广泛交友；其次，就是在人际交往中的态度一定要谦虚友善。做到了这两点，相信你一定能被人赏识。

◆ 想要优秀，不妨与更优秀的人成为朋友

　　一匹好马可以带领你到达你梦想的地方，一个好朋友可以助你实现自己的愿望。

　　伟大的德国文学家歌德曾经说过："只要你告诉我，你交往

的是些什么人，我就能说出，你是什么人。"

心理学研究表明，环境能够改变人类的思维与行为习惯，直接影响我们工作的效能态度。主动接近优秀人物，经常和成功人士在一起，有助于在我们身边形成一个"成功"的氛围，在这个氛围中我们可以向身边的成功人士学习正确的思维方法，感受他们的热情，了解并掌握他们处理问题的方法。在无形之中就提升了我们的能力。

下面是一位百万富翁请教一位千万富翁的对话，通过这次对话可以让我们知道和成功人士在一起的重要性。

"为什么你能成为千万富翁，而我却只能成为百万富翁，难道我还不够努力吗？"一位百万富翁向一位千万富翁请教。

"你平时和什么人在一起？""和我在一起的全都是百万富翁，他们都很有钱，很有素质……"百万富翁自豪地回答。

"呵呵，我平时都是和千万富翁在一起的，这就是我能成为千万富翁而你却只能成为百万富翁的原因。"那位千万富翁轻松地回答。

由此我们可以看出，造成差距的是他们所处的不同环境，也就是说交往的朋友不一样。职场中有这样一个规律：你的年收入是你交往最密切的5位朋友年收入的平均值。当然这个数字只是理论上的。

一位职员曾经向他的老板报怨道："老板，我真的很苦恼，因为我实在无法激发出我的潜力。"他的老板就告诉他说："原因只有一个,因为你没有跟成功者在一起。如果你与成功者在一起学习,他们都非常热情,非常有行动力,你跟他们在一起,不行动都不行。"

成功学专家认为,一个最有可能成功的人,他在朋友圈子中的成就应当是最低的。为什么会这样呢?因为只有你的朋友比你强的时候,你才能从交友中获益,假如所有的朋友都没你棒,就不太妙。

你所遇到的人,决定你的命运。因此,我们在交往中应尽可能结交优于自己的人,并朝这一目标而努力。如果你想积累自己成功的资本,提升自己的能力,巧妙利用环境因素,在自己周围营造"成功"的氛围,是一个绝好的办法。